奇奇怪怪的数学

[日]篠原明子　主编　王巧　译

北京时代华文书局

登场人物介绍

他们是时而随心所欲地吐槽、时而嘟囔、时而表现得一惊一乍、时而教给我们小知识的好伙伴。

下面为大家介绍他们的分工。

吐槽兔

令人喜爱的小兔子，有时会犀利吐槽，有时会连声惊叹。

万能博士

他能教给我们小知识，口头禅是“顺带一提”。

嘟囔菇

总是慢吞吞地嘟囔，言语犀利。让人感到意外的是，他很喜欢杂学。

一惊一乍伟人

虽然曾经是很厉害的人，但遇到事情总会一惊一乍。

目 录

1 遗憾的数学

咻—
那是啥？
不会吧！

使劲
好重

2 可怜的数学

专题 2 有趣的和算问题

3 神奇的数学

专题 3 猜数字魔术

4 不可思议的数学

专题 4 不可思议的计算

本书阅读指南

本书将通过插图和简单的文字来介绍“奇奇怪怪”的数学知识。

① 不同种类的图标

按照主题，我们将本书的内容分为以下六类，以便读者理解。

 数与计算　 量与单位　 伟人

 图形　 规则与规律　 知识

图形

井盖不能是四边形或三角形

回想一下道路上的井盖，的确是圆形的吧。大家有想过为什么吗?

有时候人们需要打开井盖对下水道进行施工，但井盖非常重，如果此时不慎使其掉落，后果不堪设想。

总之，为了不让井盖掉下去，人们有意将其设计成了圆形。因为如果井盖是圆形的，那么不论角度如何改变，其宽度总是保持不变，所以即便想掉也掉不下去。

如果井盖是四边形的又会如何呢? 长方形盖会有掉落的危险，这很容易理解。若是正方形盖，乍一看似乎掉不下去，但其实斜着的话则很容易掉落。这是因为正方形的边长比其对角线的长度要短。

此外，正三角形盖也会掉落。因为正三角形的边比它的高要长，与正方形的情况相同，有些角度也存在掉落的风险。

正方形的井盖会从井口掉落

正方形的各边都比对角线来得短，因而很容易从井口掉落。

把井盖做成圆形的话，即便很重也能滚动搬运，也不用担心磕坏棱角，真是有百利而无一害呀!

② 详细解说等

这里会配合图表和插图对事件的发生原理、计算步骤、补充信息等进行说明。

③ 书中角色的点评

本书中的四个角色将在这里登场，向大家传授小知识或吐槽一番。

1

遗憾的数学

什么是遗憾的数学

指那些未被留意、鲜为人知、令人感到惊讶的数学。

有些事情确实让人感到很可惜呀！

掌握本书中的这些小知识，以后就会少一些遗憾哟！

在遗憾中有所收获也不错呀！

遗憾终归是遗憾，好吧！

量与单位

在日本，2张中份比萨原来比一张大份的还要小

若被问到快餐店的薯条或饮料，2份中份的和1份大份的相比，哪个分量更多，你或许会回答：2份中份的更多。

那么若是比萨，2张中份的和1张大份的相比，哪个更大呢？我们以日本某比萨店的中份比萨和大份比萨为例，计算其面积，如下图所示。

1张大份比萨的面积为1017.36平方厘米，2张中份比萨的总面积为981.25平方厘米，可见1张大份的比2张中份的还略大一些。假设2张中份比萨与1张大份比萨价格相同，那么点2张中份的比萨会比较吃亏。大家购买比萨时可以注意一下不同尺寸的比萨的直径。

比较一下比萨的大小

通过圆面积公式来计算比萨的大小。

比萨的大小（圆的面积）= 圆周率（3.14）× 半径^2

大份比萨的直径为36厘米（半径为18厘米）

1张的大小为$3.14 \times 18^2 = 1017.36$（平方厘米）

中份比萨的直径为25厘米（半径为12.5厘米）

1张的大小为$3.14 \times 12.5^2 = 490.625$（平方厘米）

2张则为$490.625 \times 2 = 981.25$（平方厘米）

本以为点2张中份的会比较划算，没想到比1张大份的还要小，岂有此理！

吐槽兔

知识

破损的纸币原来不是一文不值

珍贵的纸币要是破损了，还值多少钱呢？

其实可以拿着破损的纸币去银行兑换新的纸币，只是需要满足一定的兑换条件。

破损的人民币要实现全额兑换，必须满足的条件是：能辨别面额，剩余面积在 3/4 以上，文字、图案能按原样拼接起来。

若剩余面积在 1/2 至 3/4 之间，则银行只能按照原面额的一半进行兑换。那么，要是剩余面积不足 1/2 呢？很遗憾，如果是这种情况，这张人民币将变得一文不值，无法兑换。

若人民币烧坏了，即使烧成灰，只要剩余面积在 1/2 以上，能辨别面额，纸灰未散，也有可能实现兑换，所以不要轻易地将纸灰倒掉。

破损的人民币值多少钱

它的价值由纸币的“剩余面积”决定。（以 100 元为例）

剩余面积	兑换	金额
剩余面积在 3/4 以上（包含 3/4）	全额兑换	100 元
剩余面积在 1/2 至 3/4 之间	半额兑换	50 元
剩余面积不足 1/2	无法兑换	0 元

人民币用特种纸印刷，要好好保护它哟！

万能博士

日本竟有 683 万人正在如厕

有多少人正在做作业呢？又有多少人正在吃饭、睡觉呢？这些问题你应该也曾经想过吧。我们总会在意有多少人正和自己做着同样的事情。

以“有多少人正在如厕”为例，为了计算人数，我们得先思考一下，1 天之中人们有多长时间在如厕？1 个人每天大概会上 5 次厕所，每次大概 2 分钟，我们姑且把 1 个人每天如厕的时间看成 10 分钟。之后，如果我们把 1 天的 24 小时转化成分钟，就会得到 1440 分钟。这样就能算出，1 个人每天的如厕时间占全天时间的 1/144。

日本的人口约为 1.26 亿人，其中还有像婴儿、病人等无法正常如厕的人，所以这里索性看作是 1.2 亿人。

将 1.2 亿与如厕时间在 1 天中的占比相乘约等于 83 万，也就是说，日本大约有 83 万人正在如厕。读者朋友们也可以按照这个方法计算一下中国有多少人正在如厕。

计算一下日本有多少人正在如厕

下面是假定每人每天如厕的总时间为 10 分钟的计算结果。
实际上应该是白天如厕的人数多，夜晚的人数少。

1.2 亿人 × 10 分钟 / 1440 分钟
= 83.3333……万人

你知道 83 万人是什么概念吗？
全日本小学一年级学生的总数大概是 100 万人哟！

万能博士

图形

地图上各国的面积都是假的

在大家常见的世界地图上，中国在中间，上方有蒙古国、俄罗斯等，右方有日本、美国、加拿大等，右上方有格陵兰岛（丹麦王国的自治领地之一）等，下方有澳大利亚等。

这是通过“墨卡托投影[①]”绘制的地图。墨卡托投影是一种地图投影方法，将地球的球面映射到四边形的平面上。在人们乘船出海时使用的海图和航线图方面，它具有划时代的意义。不过，这种投影方法不能反映出真实的面积，因为将球面转换成平面时，其面积就会失真。

如果我们观察真实的面积，会发现日本其实在南北方向上要更长，澳大利亚在东西方向上应

①墨卡托投影：又称正轴等角圆柱投影，由荷兰地图学家墨卡托于1569年创造。

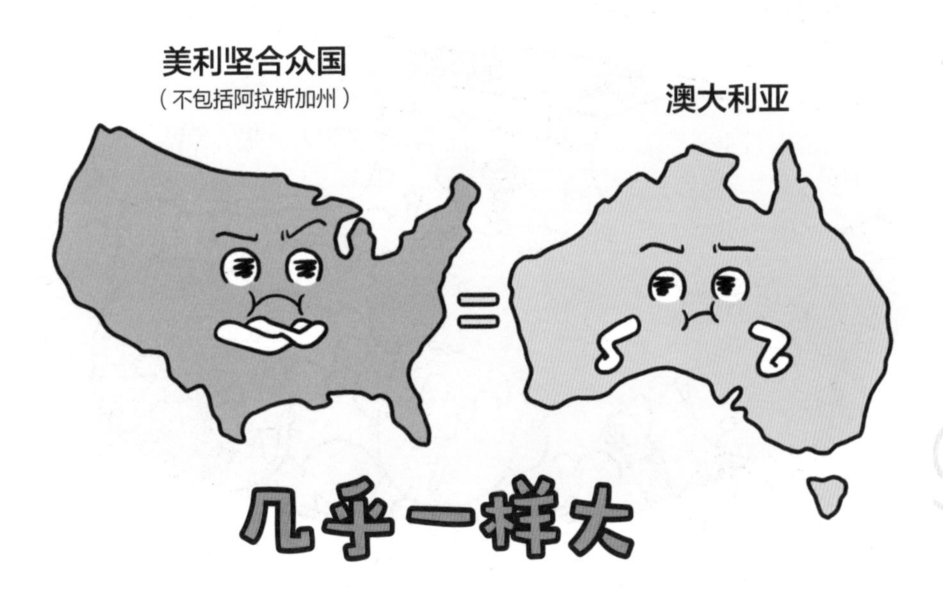

该要更宽，而处于地球两端的格陵兰岛和南极洲的真实面积应该比地图上看起来的要小得多。

总之，在用墨卡托投影绘制的地图中，各国、各大陆、各岛的面积几乎都失真了。但是由于这种地图能够清楚地显示各国之间的位置关系，所以人们已经连续使用近 500 年了。

根据墨卡托投影，越是靠近两极，距离和面积就越是会被放大呢！

知识

日本有好多种数字的读法

在日本，数字“4”有时读作“yon”，有时读作“shi”。“7”也是如此，有时读成“shichi”，有时读成“nana”。日本有各种各样的数字读法，十分麻烦。

为什么会这样呢？这是因为日本的数字有三种读法，从中国传过来的读法（汉语词）、日本自古以来的读法（和语词）、英语的读法，根据不同场合使用不同的读法。

单独一个数字的时候，日本教科书中使用汉语词的读法作为它的正式读音。但是，由于汉语词的“shi”（4）和“shichi”（7）听起来很像，容易混淆，所以有时会换用和语词的“yon”（4）和“nana”（7）。为方便听众，日本广播协会（NHK）原则上将“4”读作“yon”，将“7”读作“nana”。

若再加上量词，日本的数字读法就会变得更复杂。日语中除了有表示个数的“１つ”（hitotsu）、“１個”（ikko）这种读音规则变化的词语以外，也存在着像“1日”（tsuyitachi，日期中的1号）、“20日”（hatsuka，日期中的20号）这种读音不规则变化的词语。

这些变化我们除了慢慢习惯以外，也别无他法啦。

日本的数字读法

	1	2	3	4	5	6	7	8	9	10
和语词	hi	hu	mi	yo（yon）	itsu	mu	na（nana）	ya	ko	too
汉语词	ichi	ni	san	shi	go	roku	shichi	hachi	kyuu	jyuu

日本人的计数方法也会随量词的改变而改变呢！例如，一个松茸他们会说“一本”（ippon），一个蟹味菇会说成“一株”（hitokabu）。

嘟囔菇

井盖不能是四边形或三角形

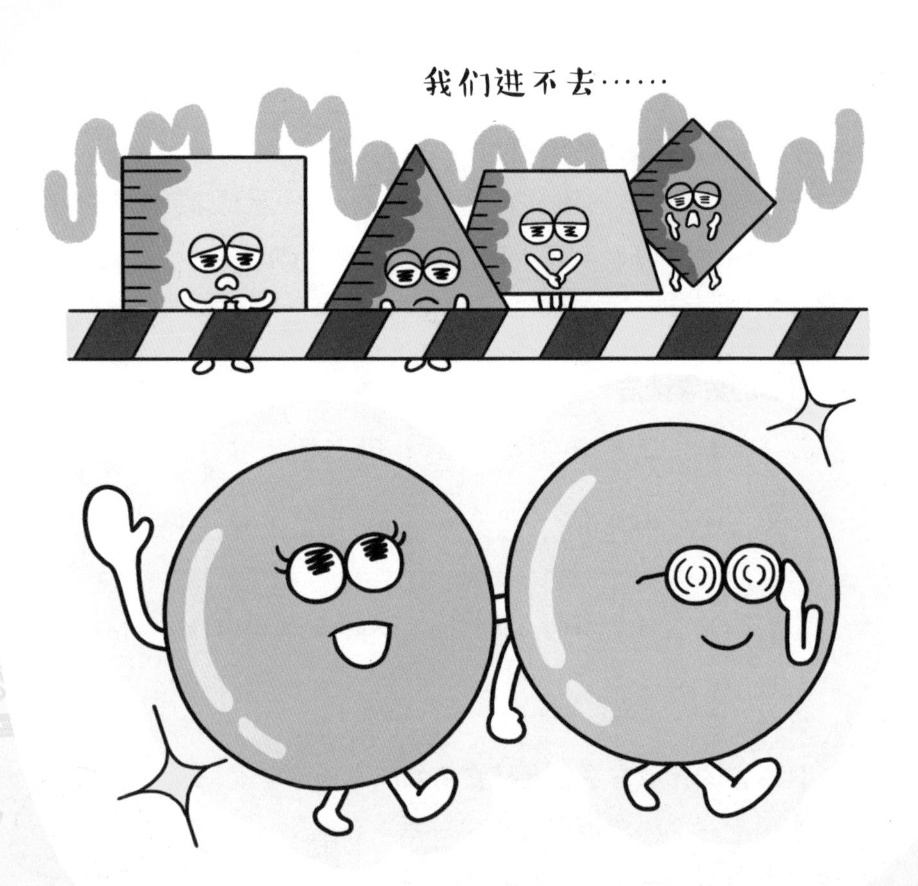

回想一下道路上的井盖，的确是圆形的吧。大家有想过为什么吗?

有时候人们需要打开井盖对下水道进行施工,但井盖非常重，如果此时不慎使其掉落，后果不堪设想。

总之，为了不让井盖掉下去，人们有意将其设计成了圆形。因为如果井盖是圆形的，那么不论角度如何改变，其宽度总是保持不变，所以即便想掉也掉不下去。

如果井盖是四边形的又会如何呢? 长方形盖会有掉落的危险，这很容易理解。若是正方形盖，乍一看似乎掉不下去，但其实斜置的话则很容易掉落。这是因为正方形的边长比其对角线的长度要短。

此外，正三角形盖也会掉落。因为正三角形的边比它的高要长，与正方形的情况相同，有些角度也存在掉落的风险。

正方形的井盖会从井口掉落

正方形的各边都比对角线来得短，因而很容易从井口掉落。

把井盖做成圆形的话，即便很重也能滚动搬运，也不用担心磕坏棱角，真是有百利而无一害呀!

万能博士

图形

在所有图形中，三角形似乎是最厉害的

看起来不太完美的三角形竟然是最强的？！这或许令人难以置信，却是板上钉钉的事实。

不妨将看似坚固的四边形与三角形做个比较。如果用木棍来搭建四边形或三角形，我们将发现，只要一摇，四边形就会晃来晃去。与此相对，三角形则不容易变形。这是由于三角形的三条边相互支撑，能够保持受力平衡，这种结构使它特别牢固。

家中的墙壁虽是四边形的，但为了使房屋在地震时屹立不倒，有时我们会在墙体内放入斜向的加固件。大家发现了吗，通过这种加固处理，原本四边形的结构变成了两个三角形的结构。我们将墙体设计成三角形结构会使房屋更加坚固。

不论是东京塔还是晴空树（塔），仔细观察就会发现它们都是由三角形构成的，大桥也是如此。

世界上到处都有三角形，因为它是最厉害的图形。

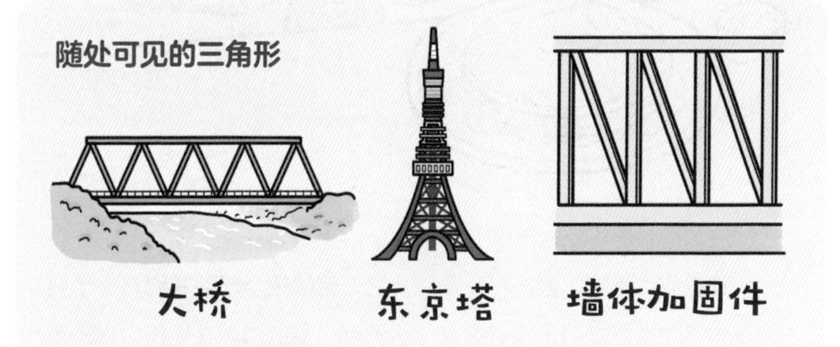

据说化学反应不可再分的最小微粒——原子也具有排列成三角形的性质呢！

蜜蜂一生所采集的花蜜总量只有一小勺

蜂蜜甜而美味，但是将花蜜采集起来酿造蜂蜜的蜜蜂有多么辛苦，大家可知道?

1 只蜜蜂飞行 1 次所能收集的花蜜的量为 0.04 克。你可能会觉得这也太少了吧，但是，蜜蜂的体重只有 0.09 克哟。换言之，蜜蜂相当于载着约有半个自己那么重的货物在飞行。它们每天要进行 10 次左右这样的飞行运输，算是相当吃力的体力劳动了吧。

并且，据说在蜜蜂的一生中，仅有 10 天左右的时间能够采蜜。

听说蜜蜂飞行 1 次会采集 300 朵花的花蜜，那么倘若 1 天飞行 10 次，则总共将采集 3000 朵花的花蜜！真是重体力活啊……

也就是说，1 只蜜蜂一生采集的花蜜总量只有 0.04 克 ×10 次 / 天 ×10 天 = 4 克。

4 克的花蜜不过一小勺而已。

没想到我们浇在薄煎饼上的一大勺蜂蜜（约 12 克）就相当于 3 只蜜蜂一生的心血！真是让人不由得感到蜂蜜的珍贵，让我们对蜜蜂表示感谢吧！

蜂窝形状的秘密

蜂窝是由许多六边形构成的。这叫作“蜂窝结构”，具有节省材料、坚固的特点。飞机机翼的设计等也运用了这种结构。

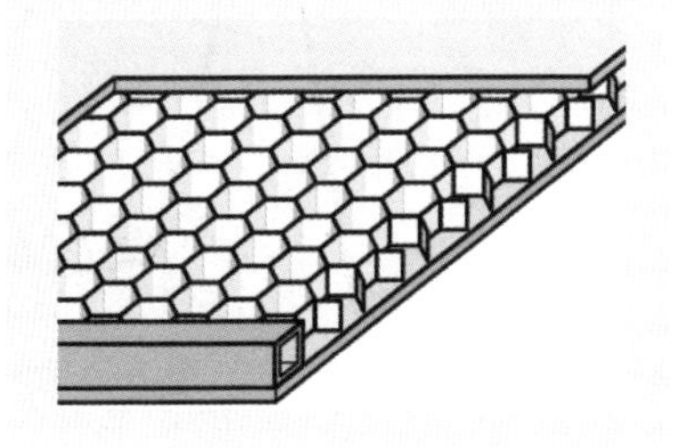

知识

跑得再快也追不上乌龟

跑得快的人和乌龟赛跑，谁会赢？

你可能会觉得必然是人获胜，然而你是否听说过“阿基里斯追龟”这个有名的悖论？

其主要内容是：让走得慢的乌龟的起跑点稍微靠前些，阿基里斯从后方追赶，则永远追赶不上乌龟。这是为何？

阿基里斯追赶着慢悠悠地走在前面的乌龟，当阿基里斯到达乌龟起跑点的时候，乌龟已经走到了 A 点；当阿基里斯到达刚刚乌龟抵达的 A 点时，乌龟又已经抵达 B 点了；而当阿基里斯来到 B 点时，乌龟又稍微向前走了一些。

如此循环往复下去，阿基里斯是无法赶上乌龟的。虽然他与乌龟之间的距离不断缩小，却永远也追不上！

用图来表示“阿基里斯追龟”吧

乌龟的起跑点在前，阿基里斯的在后。让阿基里斯以追逐乌龟的方式与乌龟赛跑。

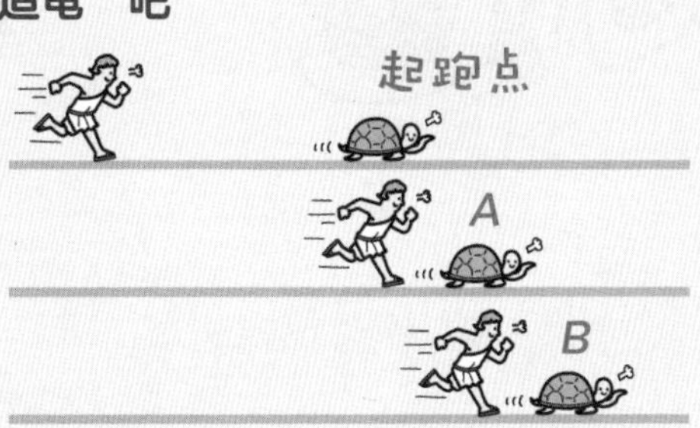

其实阿基里斯很快就能赶上并超越乌龟吧。只不过要反驳这个“永远也追不上”的悖论却相当困难呢！

嘟囔菇

最大的单位
竟不是无量大数

在日本人常用的计数单位里，大的单位有“亿”“兆（在日本现代和中国古代指“万亿”，但在中国现代指“百万”）”。比如，日本的人口约有1.26亿人，日本的国家预算总额约有100兆日元。虽然我们几乎没有见过比兆更大的计数单位，但比它大的单位当然是存在的。

那便是“京”。或许有人听说过名为“京”的日本超级计算机吧。

按照顺序，比京大的单位还有垓、秭、穰、沟、涧、正、载①、极、恒河沙、阿僧祇、那由他、不可思议、无量大数。无量大数指1后跟着68个0的数（也有另外的计法是，无量指10^{68}，大数指10^{72}）。

但是，这还没有结束。尽管鲜为人知，但在佛教用语中还有几个比无量大数还要大的单位，其中最大的就是“不可说不可说转”，1后0的个数约有37个涧那么长，真是个大得不得了的数啊！②

用英语来表示计数单位

1 → one（个） 10 → ten（十）

100 → hundred（百）

1000 → thousand（千）

1,000,000 → million（百万）

1,000,000,000 → billion（十亿）

①垓（gāi）= 10^{20}，秭（zǐ）= 10^{24}，穰（ráng）= 10^{28}，沟 = 10^{32}，涧（jiàn）= 10^{36}，正 = 10^{40}，载（zǎi）= 10^{44}。——译者注

②若用10相乘多少次来表示数的大小，则无量大数为68次，不可说不可说转则为37,218,383,881,977,644,441,306,597,687,849,648,128次。

1后有100个0的数称为古戈尔（googol），这也是大名鼎鼎的谷歌（Google）公司名称的起源哟！

万能博士

这是圆形，还是三角形？明明是个很实用的形状，却不为人知

你知道左图的自行车车轮是什么形状吗？虽然看起来像三角形，但又不仅仅是三角形，它就是被称为“勒洛三角形”（又叫“鲁洛克斯三角形”“莱洛三角形”“圆弧三角形”等）的奇妙图形。

假设真的存在这样的自行车，人们或许会以为一定骑不动它，不料它的车轮却几乎能像圆形车轮一样滚动。

这是因为，勒洛三角形在任何方向上都有相同的宽度，与圆形具有相同的特征，简直像是三角形与圆形的混血儿呢。

这个图形的设计者是 19 世纪德国的机械工程专家弗朗茨·勒洛（Franz Reuleaux）。令人遗憾的是，明明是这么有趣的图形，普通人却并不了解……

然而，最近这种图形应用在扫地机器人上啦。勒洛三角形的轮子不仅能像圆形的那样灵活流畅地转向，而且在清扫角落方面相较于圆形的轮子具有更大的优势。这样一来，或许终于能够扬名了呢。

勒洛三角形也能充当滚轴

滚轴指的是搬运重物时放在重物下方滚动的一种道具。人们通常会使用圆木等横截面为圆形的物体作为滚轴，但由于勒洛三角形的顶部与地面之间的距离一直保持不变，所以也能充当滚轴顺畅地搬运物体。

据说勒洛三角形也应用在能钻出方形孔的钻孔机、转子发动机、螺丝刀的手柄等物品上了呢。

一惊一乍伟人

在日本，每人每年冲马桶的水量相当于 2920 盒牛奶

上完厕所后猛冲水大概会消耗多少水呢?

其实缺水是一个严重的全球性问题。为了用少量的水就能把马桶冲干净，马桶的生产商可是花了不少心思。

据说在日本以前冲 1 次马桶大概要耗费 13 升的水，但最近由于技术的进步，按 1 次大按钮大约只会消耗 8 升的水，而最新型的马桶甚至减少到了 6 升左右。

1 盒牛奶刚好 1 升，可以想象 8 升的水相当于 8 盒牛奶。如果每人每天排便 1 次，那么 1 年用于冲马桶的水量则相当于 2920 盒牛奶!

此外，如果按小按钮，冲 1 次约耗费 6 升的水。倘若按照每人每天大便 1 次、小便 5 次来计算，那么每人每天冲马桶的水量可达 38 升，1 年可达 13,870 升。

如果把这个水量换算成泡澡时使用的水量（泡 1 次约 200 升），则相当于 70 缸泡澡水。

计算一下日本每人每年用于冲马桶的水量

马桶的大按钮按压 1 次的出水量约为 8 升，那么 1 年下来有多少呢?

8 升 × 365 天 = 2920 升

相当于 2920 盒牛奶

世界各国对冲马桶的水量进行了严格的限制。听说中国冲 1 次在 5 升以下哟!

图形

什么？！足球竟然不是一个标准的球体

仔细观察足球，我们会发现它的球面是由许多正五边形和正六边形拼接而成的。

虽然也存在例外，但自古以来，在由黑白两色组成的足球球面上，人们习惯让白色的为六边形，黑色的为五边形。

正因为如此，足球并不是一个球体，而是一个多面体。多面体指的是由多个平面围成的立体。所有的面都是相同的正多边形的正多面体只有 5 种，由 6 个正方形组成的色子就是其中之一。

在这 5 种正多面体中，最接近球体的就是正二十面体。为使它更接近球体，人们将正二十面体的每个顶点都切掉，使之成为截角二十面体，这就是足球的原型—— 一个拥有 20 个正六边形（白）和 12 个正五边形（黑）的三十二面体。

足球充气以后会膨胀起来，几乎成为一个球体，但实质上还是一个由平面拼接而成的立体图形。

观察 5 种正多面体

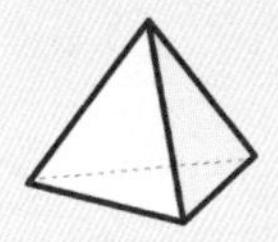

正四面体

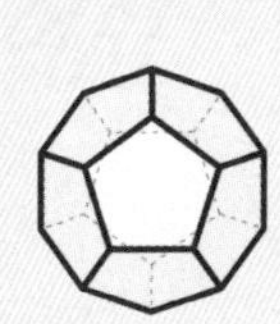

正十二面体

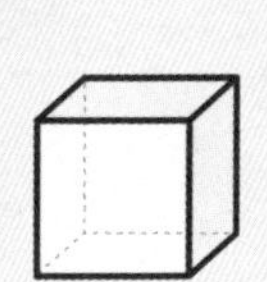

正六面体

正二十面体

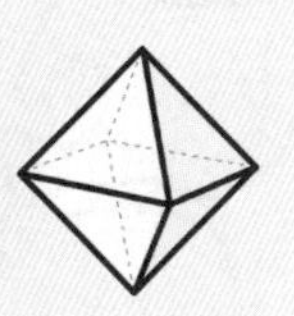

正八面体

听说过去为了观众在观看黑白电视的世界杯转播时能看清足球，人们才特意把足球设计成了黑白相间的样式！

嘟囔菇

还要算多久？圆周率的计算没完没了

日常生活中，我们通常用3.14代表圆周率去进行近似计算，但其实圆周率可不止这个数。

3.14159265358979……小数点以后的数字无规律并且无限延续着。从公元前开始，世界各地的人就在研究圆周率的秘密。

中国南北朝时期杰出的数学家、天文学家祖冲之首次将圆周率精确到小数点后第7位。在日本，江户时代[1]的天才数学家关孝和曾算出了圆周率小数点后16位的数字，而和算家（日本数学家）松永良弼则算出了小数点后50位的数字，创下了江户时代的最高纪录。[2]

在那之后，圆周率之谜的破解并没有结束。1987年，日本计算机学家金田康正等人通过超级计算机首次算出了圆周率小数点后1.3亿位的数字。

到了2019年，美国的谷歌公司利用云计算服务，耗费约111天昼夜不停地计算，终于得出了圆周率小数点后31.4兆位的数。

尽管如此，通过这么庞大的计算量得出的约31兆位的圆周率怕是也难以派上用场吧……

怎么才能简单地记住圆周率呢

让我们通过谐音来记住小数点后10位吧。

“山巅一寺一壶酒，尔乐苦煞吾”

3.1415926535

①江户时代：1603—1868年，日本历史上武家封建时代的最后一个时期，相当于中国的晚明至晚清时期。——译者注

②数据仅供参考。

大家知道吗，3月14日的“国际数学日”正是来源于圆周率哟！

明明是1升的牛奶盒却放不进1升奶

如果我们测量一下1升牛奶盒的长、宽、高，会发现长7厘米、宽7厘米、高19.4厘米。计算它的容积，则为7×7×19.4＝950.6（毫升）。也就是说，1升牛奶盒的容积少了近50毫升。

其实，装入牛奶以后，由于内部的压力，纸盒会略微膨胀，容积增大，因此还是能够达到1升容量的。

那就不要用纸盒装了，用塑料瓶装不就好了吗？！

吐槽兔

50 日元硬币不合群

请按质量排序！

5 日元硬币比 1 日元硬币重，10 日元硬币比 5 日元硬币重，而价值最高的 500 日元硬币比 100 日元硬币重，以此类推，似乎硬币的价值越高，其质量也越大。

然而，这个规律并不适用于 50 日元硬币这个另类。

按照规律，10 日元硬币为 4.5 克，那么 50 日元硬币自然应该比它重。然而，实际上 50 日元硬币只有 4 克。

50 日元硬币的孔径是 4 毫米，5 日元硬币的孔径是 5 毫米。在孔径大小上，50 日元硬币比 5 日元硬币还少 1 毫米。

万能博士

知识

计算机其实很笨，只能理解0和1

计算机可以处理文字、图片、声音等各种信息。看似复杂，但其实计算机全凭“0”和“1”这两个数字来表示这些信息。

那么计算机是如何表示0和1以外的数字呢？

其实，十进制中0、1后的数字2在二进制中由于满二进一的原则以“10”（读作一零而非十）来表示。因为二进制中只有两个数字，进位的速度非常快，所以像0、1、2、3、4、5、6……这样的十进制数在二进制中则是0、1、10、11、100、101、110……即便是再大的数，也仅用0和1来表示。

对于文字和图片等信息，计算机都是用一堆的0和1来表示的。计算机擅长记住大量的0和1，并且快速地使用它们。

当然，手机也类似一台小型计算机，同样是凭借着0和1来处理各种信息的。

让我们来看看计算机的世界

计算机是一个“二进制”的世界。图像和文字信息全都以0和1这两个数字来管理。

二进制

0000	0100	1000	1100
0001	0101	1001	1101
0010	0110	1010	1110
0011	0111	1011	1111

计算机使用的是二进制，而在我们的日常生活中，一般使用的是满十进一的十进制哟！

万能博士

互联网不在云端而在海底

1967 年，世界上首次通过通信卫星转播的电视节目在 24 个国家同步播出。通信卫星远在离地面 3.6 万千米的高空，接收到那么遥远的电波，对当时的人来说应该十分震撼吧。

且慢，这里请大家稍微思考一下。比如，日本向美国传送图像时，电波要先上升到 3.6 万千米的高空，再经由通信卫星返回 3.6 万千米以下的地面，往返的路程合计 7.2 万千米，而日本与美国在地球表面的距离却只有约 1 万千米。

“欸？那绝对是经由地球表面更快吧？”

这么想就对了。其实现在跨国通信几乎都是靠海底光缆实现的。互联网竟然几乎都是“有线”的，这是否让你感到很意外？但是，比较一下距离你就会发现，海底光缆的信息传递速度更快，能够传递的信息量也更多。

虽然据说有时候鲨鱼会咬坏海底光缆导致故障发生……

海底光缆的直径只有 2 厘米

海底光缆穿过海底，据说水深的地方水压大得好比一根手指上压着一台汽车，所以人们把光缆打造得十分坚固。尽管如此，它还是仅有 2 厘米粗。

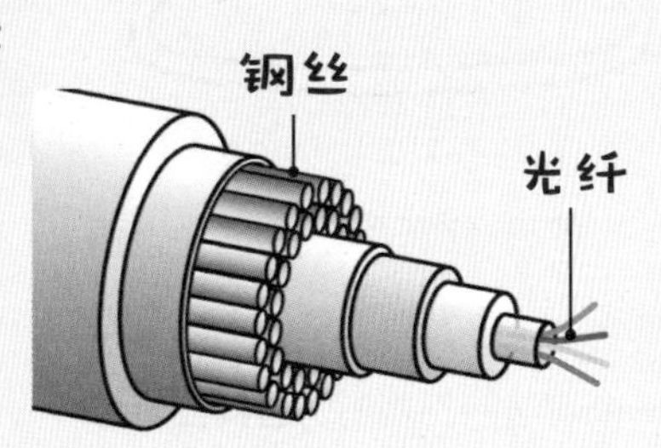

但是，似乎人们也在推进着这么一个计划：发射许多卫星上去，通过卫星网络将全世界连接起来。

嘟囔菇

图形

有一种绝对实现不了的三角形

你知道彭罗斯三角吗？上图就是一个彭罗斯三角。乍一看是一个普通的三角形，但其实若想打造一个立体的彭罗斯三角是绝对不可能的。

彭罗斯三角是由瑞典艺术家奥斯卡·雷乌特斯瓦德（Oscar Reutersvärd）和英国数学家罗杰·彭罗斯（Roger Penrose）及其父亲分别在1934年和1958年设计的图案，被称为不可能图形。

仔细观察，我们会发现该图形不符合上下、左右、前后的空间顺序，因此在三维世界中是绝对不可能实现的。

但是，要说“绝对实现不

你可能会觉得“从某个角度看的话，确实是个三角形啊”，但这种是不被承认的哟！

了”的话，总会引人跃跃欲试。此前，不管是数学家还是艺术家，许多人都对彭罗斯三角进行过研究，想要将其立体化。

实际上，在澳大利亚的珀斯有一座彭罗斯三角的雕塑，只是必须从一定的角度去观察，它看起来才会像一个三角形。

彭罗斯阶梯

指的是始终向上走却永远也无法抵达最高点的奇怪阶梯。

正方形的游戏画面似乎不好玩

大家平时玩的游戏机的画面是长方形的吧，但你们知道长和宽的比例吗？

其实，人们称能够给人带来美感的比例为“黄金比例”，全世界有许多物体都运用了黄金比例，这个比例就是 1：1.618（或 0.618：1）。

以长方形为例，设其短边是 1，那么长边就是 1.618。如果将其转换成整数则大概是 5：8，可以先记住这个大致的比例。

游戏机的画面大多是根据这个黄金比例制作的。此外，从交通卡、银行卡、扑克牌等常见的物品到雅典的帕特农神庙、巴黎的凯旋门等著名的建筑物也都运用了黄金比例。

自然界中也处处都是黄金比例。其中，鹦鹉螺以拥有黄金比例的外壳而著名。

人类的视野本来就很宽，如果游戏机的画面接近正方形就会缺少视觉上的冲击，趣味减半。

一起来观察自然界中的黄金比例

鹦鹉螺的外壳呈现出了近似黄金比例的螺旋形。

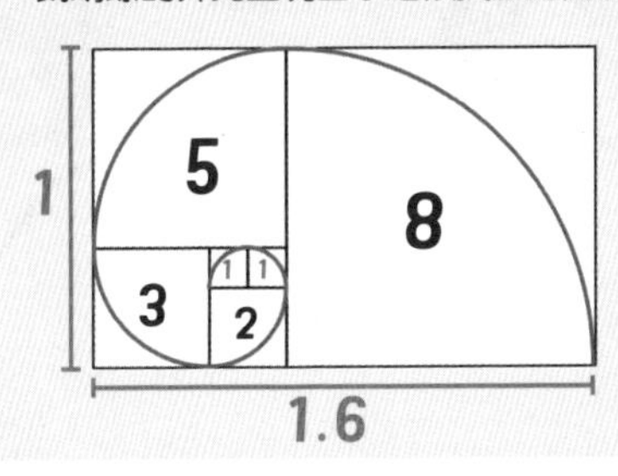

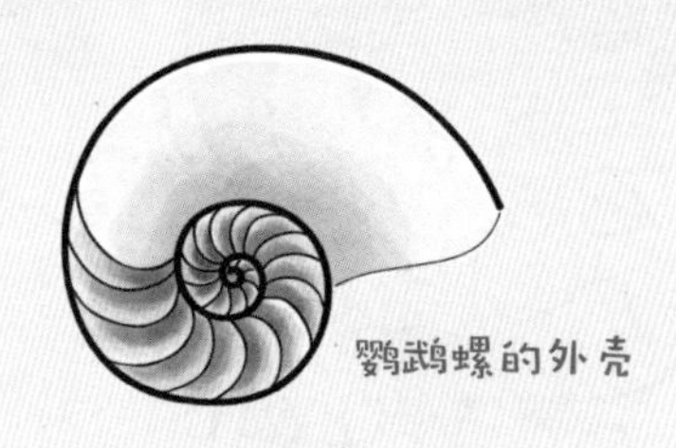

源自日本的“白银比例”也被认为是一种美丽的比例，为 1：1.414。这一比例运用在 A4 纸、文库本[①]的尺寸设计上了哟！

①文库本：日本出版物的形式之一，是以普及为目的的小型书，便于携带，而且比较便宜。——编辑注

什么？！100万枚1日元的硬币带不回家

“你想要多少1日元硬币我都给你，能拿走多少就拿走多少吧。”如果有人这么说，大家一定会很高兴。

“太好啦！那就拿100万日元回来吧！”或许大家会忍不住这么想吧。

问题就在于“能拿走多少”。1枚1日元硬币的质量为1克，10枚即为10克，1000枚即为1000克，也就是1千克。即便别人说随意拿，但是100万枚1日元硬币你能拿得动吗？

其实是拿不动的。因为100万枚1日元硬币的质量有1000千克，也就是1吨，约等于1台小型汽车的质量。

但是如果可以装进袋子里带走，5千克左右还是小菜一碟。小学生的双肩包里装太多东西就会超过5千克，想必大家也已经习惯了吧。

5千克相当于5000枚1日元硬币，即5000日元。如果再努力一点，搬走10千克硬币的话就是1万日元。为了那一天的到来，大家好好地锻炼身体吧！

100万枚1日元硬币大概有多重

单枚1日元硬币的质量刚好是1克，那么100万枚1日元硬币的总质量是多少呢？

1克×100万=100万克

=1000千克=1吨

约等于1台小型汽车的质量

可以带着许许多多的1日元硬币回家？

哪儿会有这等好事啊！

吐槽兔

猜拳每赢一次便宜10%，赢10次就能免费了吗

“听说有家店在搞猜拳大赛呢！与店员玩剪刀石头布，每赢 1 次就可以便宜 10% 哟！”这样一来，赢 2 次就可以便宜 20%，3 次 30%…… 赢 10 次就可以便宜100%，直接不收费啦？

不不不，这个世界远比你想象中的复杂得多。仔细思考一下，假设商品的价值为 1000 元，猜拳赢 1 次便宜 10%，就会变成 900 元，再赢 1 次再减去 900 元的 10%，则会变成 810 元。

大家注意到了吗，“每赢 1 次就可以便宜 10%”这句话的意思并不是赢 2 次就减去原价的 20%，而是每次减去上一个价格的 10%。

因此，随着价格越来越低，折让的金额也越来越小。不管赢多少次，价格都不会变成 0。

此外，如果赢了 10 次，那么原来 1000 元的商品将变成 349 元（四舍五入后的数字），也算十分划算了。

一起来计算一下折让后的价格

若 1000 元的商品便宜了 10%，则价格为剩下的 90%，所以用 1000 × 90% 就可以得到 900 元；如果便宜了 40%，则用 1000 × 60% 就可以得到 600 元；如果便宜了 75%，则用 1000 × 25% 就可以得到 250 元，我们可以简单地算出商品折让后的价格。

原价 ×
（1 - 折扣率）
= 折让后的价格

根本不可能这么轻易地免费嘛！
这个世界没有想象中的那么天真哟！

图形 英国的国旗并不是左右对称的

在算术或数学的世界中，如果一个图形沿一条直线折叠，直线两旁的部分能够完全重合，我们就称这样的图形为轴对称图形。

英国国旗的别称叫“联合杰克（Union Jack）”，大多数人又称它为“米字旗”。从这个国旗的设计来看，人们可能以为这是个左右对折就会完全重合的轴对称图形，但其实并非如此。仔细观察就会发现，在英国国旗两旁相对分布着的红色斜线略有错位，因此构不成轴对称图形。

如右图所示，世界上有一些国旗在上下对折或左右对折后能够完全重合，试着找找看，会得

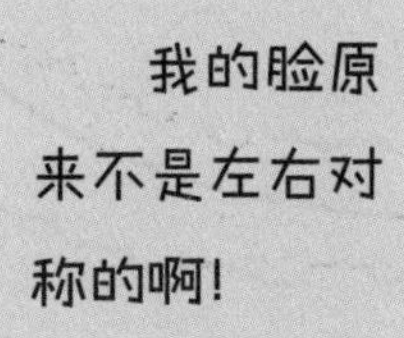

到有趣的发现。

除了国旗以外，我们身边还有很多轴对称图形。比如，镜子里的像和真实的物体呈轴对称。如果以鼻梁为人脸的中心轴，那么人脸几乎是左右对称的，但在发型、痣的位置、皱纹的分布等方面其实还有许多不对称的地方。

下面哪些是轴对称的国旗

在下面的国旗中，左右对折时能够完全重合的有哪些呢？

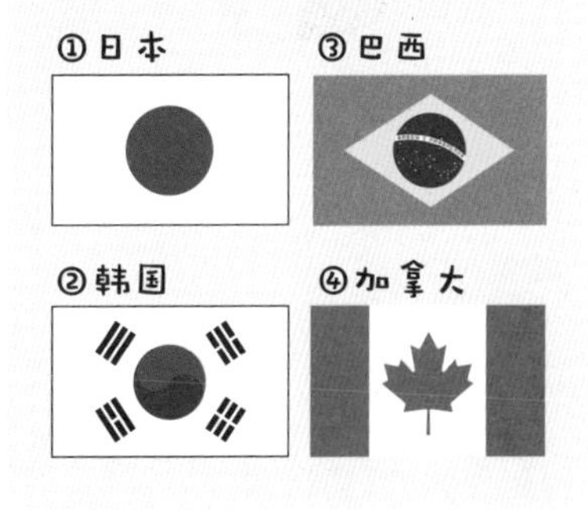

答：①和④是左右对称、对折时完全重合的轴对称图形。

万里长城不止万里

大家都知道万里长城吧？它是人类文明史上最伟大的建筑工程。1987 年，它被联合国教科文组织列入世界遗产名录。

万里的“里”是一种古代的长度计量单位。在中国，里又称华里、市里，现代的 1 里为 500 米。

长城是中国古代的军事防御工程。长城修筑的历史可上溯到西周时期。春秋战国时期，列国争霸，互相防守，长城修筑进入第一个高潮。秦灭六国统一天下后，秦始皇命人修缮和连接秦国、赵国、燕国的长城，才有了“万里长城”的称呼。当时的 1 里约为现在的 415 米，1 万里约等于 4150 千米。明朝是最后一个大修长城的朝代，明长城的总长度为 8851.8 千米。也就是说，万里长城其实不止万里。根据科学测量，中国历代长城的总长度为 21,196.18 千米。

万里长城在漫长岁月中反复地被毁坏和修复，修修补补的地方很多，根据测量方法的不同，长度也会发生改变。如今我们能看到的多数是明长城。

日本的 1 万里换算成千米的话是多少呢

在日本，1 里 = 36 町，1 町 = 60 间，1 间 = 6 尺，1 尺 = 30 厘米。那么 1 万里呢？

30 × 6 × 60 × 36 = 388,800（厘米）

388,800 × 10,000 = 3,888,000,000（厘米）

= 38,880（千米）≈ 40,000（千米）

过去人们说万里长城是“从太空唯一能看到的人工建筑物”，然而这个说法并不准确。人类在太空中凭肉眼是看不到长城的。

万能博士

专题1 不可思议！奇妙的数

最终答案无论如何都会变成“495”哟

有一种计算方法可以让三位数的计算结果都变成“495”，这个常数叫作“卡布列克常数”。

先想一个三位数，每个位上的数字不完全相同，只要有一个位上的数与其余的不同就可以。

以 365 为例，将 3、6、5 这三个数重新排列，组成一个最大的数和一个最小的数，用最大的数减去最小的数。

如此反复下去一定会出现“495”这个数。

解说 以 365 为例

❶ 将 365 重新排序后最大的数为 653，最小的数为 356

$$\begin{array}{r} 653 \\ -\ 356 \\ \hline 297 \end{array}$$

❷ 将 297 重新排序后最大的数为 972，最小的数为 279

$$\begin{array}{r} 972 \\ -\ 279 \\ \hline 693 \end{array}$$

❸ 将 693 重新排序后最大的数为 963，最小的数为 369

$$\begin{array}{r} 963 \\ -\ 369 \\ \hline 594 \end{array}$$

❹ 将 594 重新排序后最大的数为 954，最小的数为 459

$$\begin{array}{r} 954 \\ -\ 459 \\ \hline 495 \end{array}$$

之后还可以继续尝试这样的运算。495 重新排序后的最大的数为 954，最小的数为 459，所以 954 － 459 ＝ 495。这之后不论重复多少次，运算结果都会是“495”。

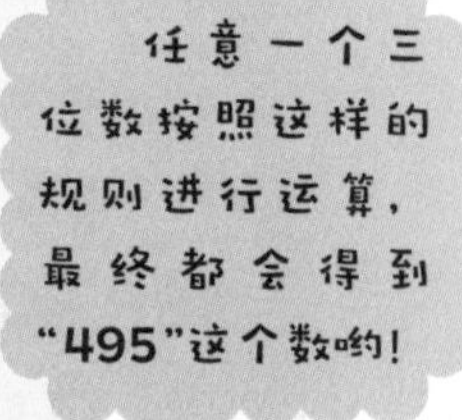

一惊一乍伟人

在古希腊备受推崇的“496”是神之数

“496”这个数字不管在数学上还是在历史的长河中都拥有许多的逸闻趣事，是一个不可思议的数。

古希腊时期就已发现的完全数

完全数指除了自身以外的所有约数（可以整除该数的数）的和恰好等于它本身的数。

完全数有“6”“28”“496”“8128”等，其中“496”的约数刚好有10个。据说这是古希腊的数学家发现的。

解说　“496”的约数

496 ÷ 1 = 496　　**496 ÷ 31 = 16**

496 ÷ 2 = 248　　**496 ÷ 62 = 8**

496 ÷ 4 = 124　　**496 ÷ 124 = 4**

496 ÷ 8 = 62　　**496 ÷ 248 = 2**

496 ÷ 16 = 31　　**496 ÷ 496 = 1**

496的约数共有10个，除去自己以外共有9个，将这9个数相加得到：

248 + 124 + 62 + 31 + 16 + 8 + 4 + 2 + 1 = 496

约翰的《圣经》是由496个音节构成的

预言家约翰所著的《圣经·新约》中的《约翰福音》的第1章的第1～18节是由“496”个音节构成的。从中可以看出，自古以来“496”就被认为是一个特别的数字。

与宇宙的真理颇有渊源的数字

爱因斯坦提出的相对论是一个很深奥的理论。为阐明这一理论，物理学家约翰·施瓦茨（John Schwarz）和迈克尔·格林（Michael Green）曾进行过研究却始终无法完美诠释它。

但是，据说在分析算式的时候，只要出现“496”这个数字，矛盾就能得到解决。两位物理学家说他们从中感受到了一股来自神的力量。

不断轮回的魔法数字“142857”

看似毫无规律可循的数字“142857”却是一组拥有许多特征的有趣数字。

用“142857”乘以 1 ~ 6 会怎样

答案是“142857”的轮回。答案中出现的数字每次都一模一样，都是依照同样的顺序排列的。

解说

$$142857 \times 1 = 142857$$
$$142857 \times 2 = 285714$$
$$142857 \times 3 = 428571$$
$$142857 \times 4 = 571428$$
$$142857 \times 5 = 714285$$
$$142857 \times 6 = 857142$$

用 1 ~ 6 除以 7 会怎样

答案还是“142857”的轮回。在这种情况中，答案里出现的数字依旧不变，也是依照同样的顺序排列的。

解说

$$1 \div 7 = 0.142857142857\cdots$$
$$2 \div 7 = 0.285714285714\cdots$$
$$3 \div 7 = 0.428571428571\cdots$$
$$4 \div 7 = 0.571428571428\cdots$$
$$5 \div 7 = 0.714285714285\cdots$$
$$6 \div 7 = 0.857142857142\cdots$$

答案里出现了许多个 9

“142857”和“9”非常投缘，可以通过多种方法让答案中产生许多个连续的“9”。

解说

乘以 7：

$$142857 \times 7 = 999999$$

分成两位数后相加：

$$14 + 28 + 57 = 99$$

分成三位数后相加：

$$142 + 857 = 999$$

隐藏在计算器里的“2220”的奇妙之处

让我们一起使用计算器做一次有趣的加法运算吧！按照逆时针的方向，以 3 个键为 1 个数，从 1 开始依次相加，最后回到 1，如下：

123 + 369 + 987 + 741 = 2220

接下来从 2 开始相加，最后回到 2 结束，如下：

236 + 698 + 874 + 412 = 2220

同样地，可以分别尝试从 3、6、9、8、7、4 开始的三位数的加法运算。奇妙的是，不管从哪个数字开始，最后的结果都会是“2220”。

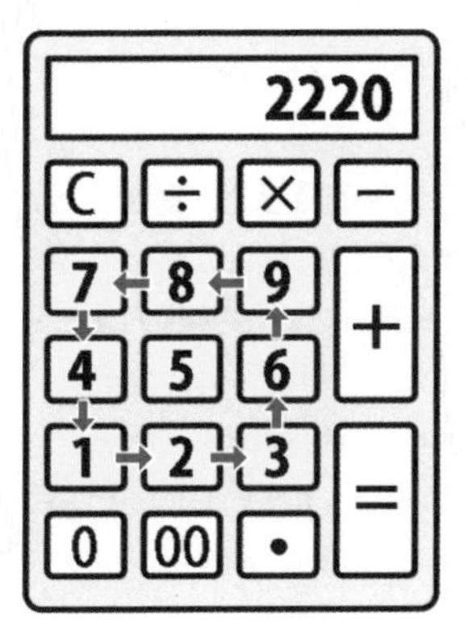

此外，按照顺时针方向，从 1 开始依次将三位数相加，最终的结果依然是“2220”。大家没想到将计算器上的数字相加一圈，竟会发生如此奇妙的事情吧！

解说

你明白这是为什么吗

进行竖式计算时仔细观察，你会发现无论哪一列相加，总和都是 20。不管是百位、十位还是个位，竖着相加总和都是 20，无一例外。

$$\begin{array}{r} 123 \\ 369 \\ 987 \\ +\ 741 \\ \hline 2220 \end{array} \qquad \begin{array}{r} 236 \\ 698 \\ 874 \\ +\ 412 \\ \hline 2220 \end{array}$$

$$\begin{array}{r} 147 \\ 789 \\ 963 \\ +\ 321 \\ \hline 2220 \end{array} \qquad \begin{array}{r} 478 \\ 896 \\ 632 \\ +\ 214 \\ \hline 2220 \end{array}$$

包含数字的谚语

“早起三文利”[①]中的“三文”真的值钱吗

这里的“文”指的是古代的货币单位，“三文”就是 3 枚一文钱。在物价稳定的江户时代末期，一文钱等于现今的 30 ~ 35 日元，三文差不多是 100 日元。在这句谚语中，“三文”为“一点点”之意。

这句谚语源于江户时代颁布的“生类怜悯令”（禁止捕杀动物的法令）。在当时的奈良，如果发现居民的家门口有鹿的尸体，将罚款三文钱。因此居民会早起收拾掉鹿的尸体，以免除罚金。

这个谚语还有另一个起源：以前，土佐藩[②]为了防洪，曾经开展了一些河道治理工程，官府发布告示称：“早起将堤坝之土踩实者，奖三文。”

上面的故事告诉我们早起能得到好处。不仅如此，早起还对健康有益，又有助于学习，大家千万不要睡过头啦！

“一寸之外即是黑暗”[③]中的“一寸”是什么

“寸”是古代的一种长度单位，一寸大概为 3 厘米，通常用来形容较短的距离或时间。“一寸之外”表示近在眼前的事物。

该谚语的意思是“就连下一秒会发生什么我们都不能知晓”，也用来提醒我们在未来的人生中因为无法预判会发生什么，所以要小心谨慎。

①早起三文利：译自日本谚语“早起きは三文の得”，汉语的习惯说法为早起三分利。——译者注（下同）

②土佐藩：是日本废藩置县实施之前于土佐国（现在的日本高知县）一带的统称。

③一寸之外即是黑暗：译自日本谚语“一寸先は闇”。

2

可怜的数学

什么是可怜的数学

指那些派不上用场的古老的数学，它们虽然失败了，但蕴含着日本乃至全世界的数学家或伟人的辛劳。

我也是那些伟人之一。但有很多事情会在后来得到世人的肯定哟!

古代的人好辛苦呀!

不不不，古代和现代的人都很辛苦哟!

没有回报的话别努力不就好了?

每换一次国王，国民的身高就会变化一次

我们在形容物体的长度时，有时候会用“和我的身高差不多”这样的说法。在形容距离的时候，有时我们会用步数来说明。古埃及等地也使用过类似的方法。

令人感到不可思议的是，当时古埃及人竟然把国王的手臂长度作为测量单位。从国王的手肘到中指尖的长度被称为1库比特，表示库比特的象形文字就是一个手肘的图形。

1库比特大概为50厘米。新老国王交替时，其长度自然也会发生变化。如果新国王的手臂或手指比老国王的长，那么1库比特的长度也会变长。

如果1库比特分别是50厘米和55厘米，那么将150厘米的身高换算成库比特的话，就分别是150厘米÷50厘米=3（库比特）和150厘米÷55厘米≈2.7（库比特）。

原本3库比特的身高由于新老国王的交替却缩短到2.7库比特，这样的事情或许曾经发生过。

基于人体某部位的长度而诞生的长度单位

1英寸（2.54厘米）

男性大拇指的宽度。

1英尺（30.48厘米）

从脚尖到脚后跟的长度。

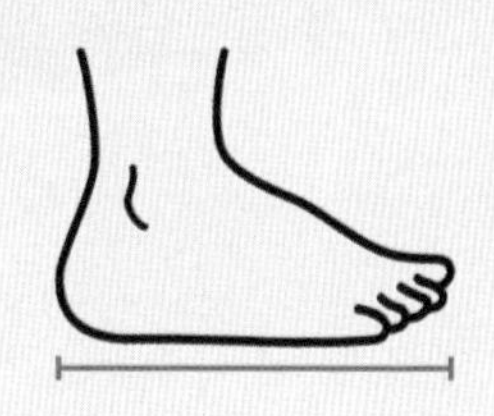

1码（91.44厘米）

张开手臂时，指尖到鼻尖的长度。

据说在金字塔的建造过程中使用了两种库比特哟！

听说是小孩子想出了称象的方法

大象的体重有多少呢？不同种类的大象或许有所不同，但雄性非洲象的体重最重可达 7000 千克（7 吨）左右。

很久以前，中国有位君王得到了别国赠送的大象，初见便十分中意。他好奇这头大象的质量，便问家臣称象的方法。

有人提议造一杆大大的秤，却也不知如何去造。如果将大象大卸八块，那么即便是普通的秤也能测量了，但是这样就得把大象活活宰掉。

此时，君王的小儿子说：

“首先，我们把大象装到大船上，船会因为大象的质量下沉一些，在船身与水面齐平的地方做个标记。然后把大象牵到岸上，再往船里装石头，直到船身下沉到与刚刚做的标记齐平的位置，停止装石头。这样船里石头的总质量就是大象的质量了。”

君王十分佩服小儿子的聪明才智。这就是中国古代“曹冲称象”的故事。

用石头来称称看大象的质量吧

①把大象装到船里，在水面到达的位置做上标记。

②让大象上岸，往船里装石头，直到水面到达同样的位置。

③称石头，算出总质量。

现在有了可以称重物的秤，听说聪明的大象会自己走到秤上，要称象可真是太简单啦！轻轻松松毫不费力！

吐槽兔

2000 年间金字塔的高度居然一直是个谜

古埃及开始大规模建造金字塔是在公元前 2700 年左右，但自从巨大的金字塔竣工以来，在很长一段时间内没有人能够测量它的高度。

初次测量金字塔的高度是在约公元前 624 年—公元前 546 年。测量者是泰勒斯（Thales），一位古希腊时期的哲学家、数学家。不过这已是金字塔竣工 2000 年以后的事情了。

泰勒斯将小木棍立在地上，在木棍和影子等长之时，迅速测量了金字塔的影长。由于太阳光是平行的，所以在木棍和影子等长的时候，金字塔的高度和影长应该也是相等的。

如此一来，泰勒斯成功测出了长期以来都是个谜的金字塔的高度。

这个大发现令人们颇为震惊。当然，不仅限于金字塔的高度，这种方法也适用于测量其他物体的高度。

测量看看身边的物体的高度吧

只要有木棍、三角板、卷尺就可以测量。在木棍与其影子等长之时，迅速测量树木或建筑物的影长吧。

听说泰勒斯在天文学方面也颇有造诣。有一次他边走路边观察星空入了迷，结果掉进了沟里，被人嘲笑了一番。这种事情或许只会发生在天才身上呢！

嘟囔菇

曾经有法律规定不可以使用「0」

大家知道吗，数字“0”被称为人类最伟大的发现之一。

传说在公元前 3400 年左右，美索不达米亚地区的苏美尔人发明了最初的数字系统，但其中并不存在“0”这个数字。

“0”的发明始于 5 世纪的印度。从时间上来看，落后了其他数字约 4000 年。而且，“0”被世界各国所普遍接受的时间则要更晚。

特别是在中世纪的欧洲，“0”被视为恶魔数字，教皇严令禁止“0”的使用。令人惊讶的是，如果有人敢宣称“0 是存在的”，就会被判死刑。

为什么教皇那么排斥“0”呢？这是为了维护教会的世界观。在这个世界观里，神统治着有限的世界，如果承认“无”的存在，则相当于亵渎了神。

但是，由于使用“0”会使计算变得十分方便，商人们还是在偷偷地使用。

在“0”发明以前是怎么表示的呢

如果数字只有 1 ~ 9，那么 12 和 102 又该如何区别呢？在古埃及的数字（象形文字）中，十位、百位等各个位的数都有特定的符号。

1→

2→

3→

12→

21→

102→

201→

1121→

“0”这种数字竟然存在！阿基米德和亚里士多德都没有说过呀！

一惊一乍伟人

因为看不见，所以难以相信有比“0”还小的数字

比“0”还小的数称为“负数”。现在的中小学生对负数已经习以为常了，欧洲的数学家却曾为负数烦恼了 1000 年以上。

据史料记载，早在 2000 多年前，中国就开始使用负数了。中国古代著名的数学专著《九章算术》（成书于 1 世纪）中，最早提出了正负数加减法的法则。

然而，负数虽然传播到了欧洲，但欧洲的数学家似乎无论如何也无法理解这种“看不见的数”。

由于绞尽脑汁也弄不明白，最后他们给负数扣上了“荒谬的数”“无意义的数”等帽子。

结果，直到 17 世纪，欧洲才终于开始承认负数。这比中国落后了 1000 多年，真是一段令人遗憾的历史。

什么是负数

比 0 小的数称为负数。比 0 小 1 的数用 －1（负一）表示，比 0 小 2 的数用 －2（负二）表示。比 0 大的数称为正数。

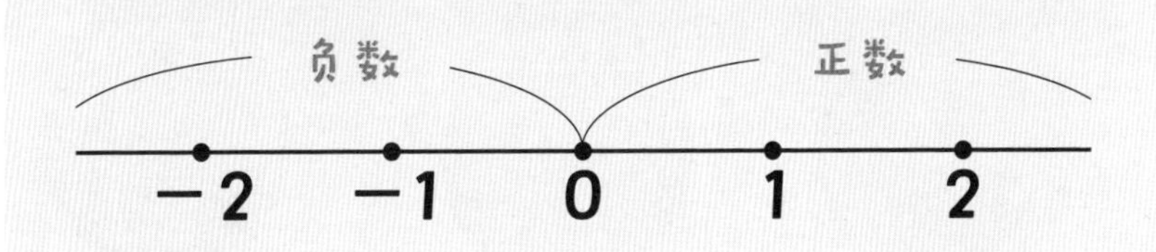

越是聪明的人，越是容易想太多。他们总是容易钻牛角尖，真是想太多啦！

知识

乘法中的“×”曾经很让人讨厌

在算术中，一说起“乘”，大家一定会立刻想到乘号“×”吧。但是表示“乘”的符号不只有“×”。

比如，有时我们也会使用“·”，在计算机上我们还会使用星号（asterisk[1]）“*”。为什么会有这么多种乘号呢？这是因为以前“×”这种符号在欧洲并不流行。

最初使用“×”的是英国数学家威廉·奥特雷德（William Oughtred）。17世纪，他在自己的著作中使用了“×”并推广开来，但德国数学家戈特弗里德·莱布尼茨（Gottfried Leibniz）并不认同这一符号。他说：“我不喜欢使用‘×’作为乘法的符号，因为容易和字母‘X’混淆。”因此，他公开宣布自己将使用“·”作为乘号。在欧洲，曾经有许多人都赞成这个观点，所以“×”很少被使用。

确实，数学中经常使用字母“X”，在计算机上更是难以分辨字母“X”和乘号“×”，很多数学家感到反感也不难理解。

乘号“×”的由来

“×”这一符号的由来有许多种说法。其中具有代表性的说法是该符号由基督教的十字架倾斜得来。只是为什么要将十字架倾斜过来还不得而知。此外，还有一种说法是，它取自苏格兰国旗的图案。

十字架

苏格兰的国旗

① asterisk：在古希腊语中为“小星星”之意。

我喜欢“×”。其实我也只知道这种乘号。

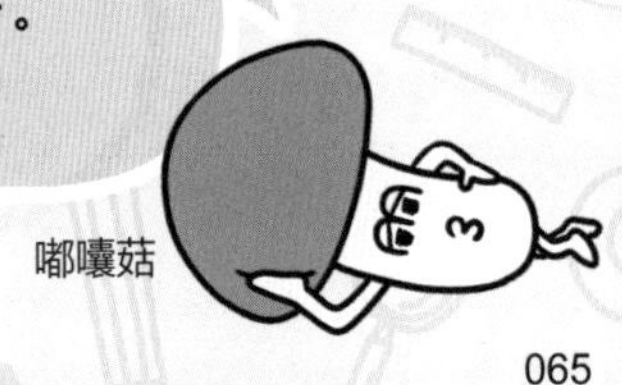

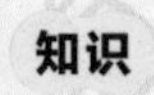

知识

除号“÷”很快就要被淘汰了

据说是瑞士数学家拉恩（Johann Heinrich Rahn）在1659年首次使用除号“÷”的。与备受嫌弃的乘号“×”相反，除号“÷”一经问世就大受好评，英国伟大的物理学家、数学家艾萨克·牛顿（Isaac Newton）也喜欢使用这个符号，因此在英国推广开来。同时，“÷”也传到了美国、日本等地。

但是，此前“/”（斜线号）、“：”（冒号）等除号也已问世，所以现在法国、德国等依然使用“：”，也有不少国家使用着“/”。

总之，现在使用“÷”的有中国、英国、美国、日本、韩国以及泰国的一部分地区等，从全世界来看属于少数派。

并且，国际标准化组织（ISO）[1]规定“除法应当使用‘/’或以分数的形式表示，不应该使用‘÷’”。或许在不久的将来，“÷”就会消失，变成一个传说。

除号“÷”的由来

据说“÷”是从分数的表示方法演变而来的符号。上下的“·”表示的就是分子与分母。

$$1/3 \rightarrow \frac{1}{3} \rightarrow \frac{\bullet}{\bullet} \rightarrow \div$$

①国际标准化组织（ISO）：一个制定各种国际标准的组织，共有165个成员。中国是正式成员，也是常任理事国。

真的吗？！牛顿也喜欢“÷”啊！

一惊一乍伟人

但是比起“÷”，“/”写起来会更方便！

嘟囔菇

毕达哥拉斯定理的发现者却不是毕达哥拉斯

大家听说过毕达哥拉斯（Pythagoras）这个名字吗？他出生于约公元前580年，是古希腊超级有名的哲学家、数学家。

毕达哥拉斯发明了一个定理——设直角三角形的两条直角边的长度分别为 a、b，斜边为 c，则有 $a^2+b^2=c^2$，即 $a\times a+b\times b=c\times c$。

此后这一定理被称为“毕达哥拉斯定理”。它对小学生来说比较难，但上了初中以后就会学到了。

然而，从很早以前开始，在日本学校的课堂上就不再称之为“毕达哥拉斯定理”了，而是改称“三平方定理”。据说这是因为，有一种说法认为，该定理的会不会是毕达哥拉斯故意窃取了弟子的功劳呢？没准他还以为自己挺有理的呢！

吐槽兔

发现者其实是他的弟子。中国一般称这个定理为“勾股定理”。中国古代称直角三角形为勾股形，长直角边为勾，短直角边为股，斜边为弦。

此外，还有说法称，早在毕达哥拉斯之前，美索不达米亚地区就已经有人发现了相同的定理。也许历史在下一秒就会改变呢。

什么是三平方定理（勾股定理）

设直角三角形的两条直角边的长度分别为 a、b，斜边为 c，则有 $a^2+b^2=c^2$，即 $a\times a+b\times b=c\times c$。

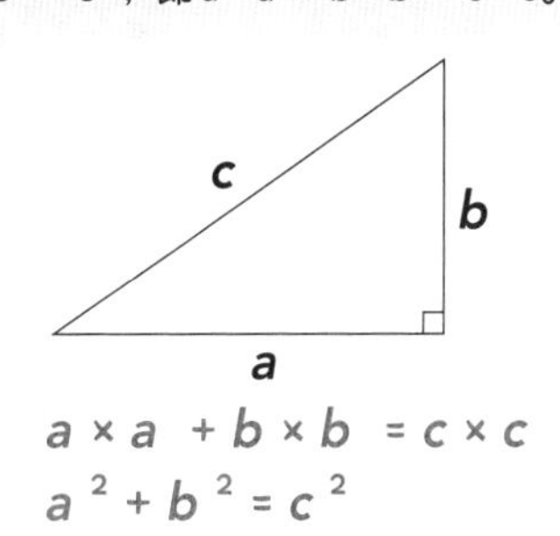

曾有一种超级危险的数字，它的发现者被处死了

古希腊的数学家毕达哥拉斯曾经创建过一个名为“毕达哥拉斯学派”的团体。这个学派的学者们认为宇宙万物都遵循数字的规律，即“一切事物均可表示成整数（0、1、2、3 等）或分数（1/2、1/3 等）”。

然而，在研究的过程中，他们无意中发现了既不是整数也不是分数的无理数。

无理数的发现触犯了毕达哥拉斯学派的根本信条，引起了学者们的恐慌，于是他们打算严密封锁这一巨大的发现。

据说正因为如此，无理数的发现者被处以死刑，并且想将这一发现公之于众的学者也被投入大海。

毕达哥拉斯学派不仅是一个具有研究性质的组织，同时也是一个宗教团体，其内部隐藏着许多不为人知的秘密。

何谓无理数

无理数指的是既不能用整数也不能用分数表示的数。举个例子，设正方形的边长为 1 米，则其对角线的长度为 1.41421356……米，既不循环又没完没了的小数就叫无理数。

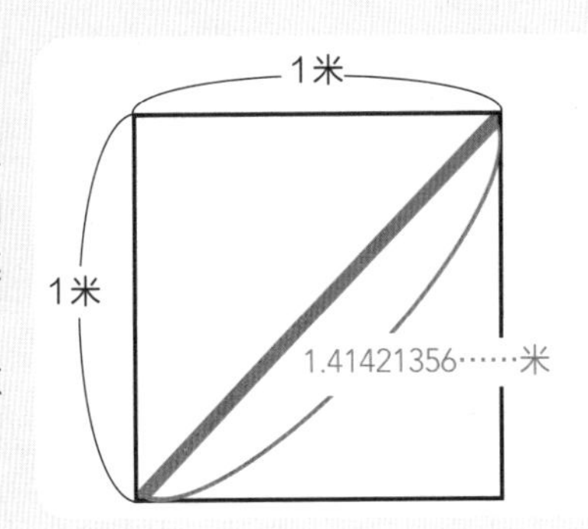

圆周率 3.14159265358……也是一个无限不循环的无理数呢！

嘟囔菇

「这座山上有几棵树？」织田信长曾提出这样刁钻的问题

大家知道织田信长吗？他是日本战国时代著名的武将，非常受人敬畏。

一日他巡视领地时，忽然命令家臣说：“去数数这座山上长着多少棵树。”由于这是出自可怕的信长的命令，所以家臣们拼了命地开始数，然而无论是树还是人都太多太多了，以至于谁数了哪棵树都不知道了。

打破这一困境的是被誉为天才的木下藤吉郎（后改名丰臣秀吉）。藤吉郎让人准备了1000根绳子并缠在树上，1棵树上绑1根。家臣们照做了，没有去算树木有几棵，只是给每棵树缠上绳子就回来了。

于是，藤吉郎又让人数了数剩下的绳子数。如此一来，只要从1000中减去剩下的绳子数，就可以算出山上的树木有多少棵。

藤吉郎原本就是个天才，据说他在数学方面更是天赋异禀。

算出山上有多少棵树木的方法

准备1000根绳子，1棵树上绑1根。用1000减去剩余的绳子数就能得出树木的棵数。

1000根绳子－剩余的绳子数
＝树木的棵数

擅长数学的藤吉郎被信长任命为薪奉行（日本江户时代负责管理薪柴的官职），他彻底调查了薪柴的使用量和库存量等，削减了不必要的开支。

万能博士

现在日本人很守时，在江户时代却并非如此

日本人很守时，这一点连其他国家的人都赞不绝口。但是，日本人守时的习惯是近百年才开始养成的。

有记录表明，在明治时代[1]，将西洋技术带到日本的外国人曾对日本人不守时这点感到十分苦恼。

但这也是无奈的事情，因为不论是当时还是现在，西方人一直都很守时，而那时日本人的时间观念却十分淡薄。

日本从室町时代[2]后半期到江户时代为止一直采用的是“不定时法”，这是一种把日出和日落之间的时间六等分以决定时刻的方法。随着季节变化，不定时法里每刻的长短也会发生改变。而且，当时的日本平民只有通过寺院每刻敲一次的钟声才能知道时间。古代日本规定 1 刻约为 2 小时；而在古代中国，1 时辰约为 2 小时，1 时辰分为 8 刻，1 刻为 15 分钟。

因此，在当时的日本，即便约好了见面的时间，等个 1 ~ 2 小时也是稀松平常的事情，放在现在真是难以想象呢。

①明治时代：1868—1912 年。
②室町时代：1336—1573 年。

江户时代表示时间的方法

日出前 30 分钟的时间为“明六”，日落后 30 分钟的时间为“暮六”，将两者之间的时间分别进行六等分。

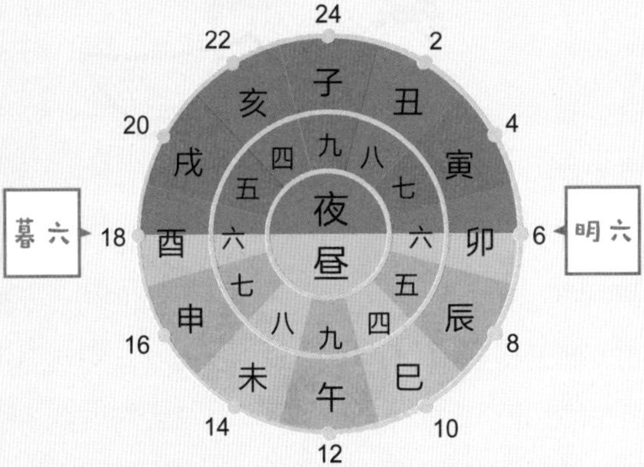

日本于 1873 年从西方引入了现在的 24 小时计时法，契机是铁路的开通哟！

万能博士

一个超级倒霉的数学家，他伟大的发现变成了遗书

19 世纪，法国数学家埃瓦里斯特·伽罗瓦（Évariste Galois）在他十几岁的时候就发现了永垂不朽的数学理论。他无疑是个货真价实的天才，但同时也是个倒霉透顶的天才。

他撰写的论文两次丢失，他还曾向好几位著名的数学家投稿，却屡遭退稿。天妒英才，21 岁的他不幸在一场决斗中身亡。然而，在决斗前夜，他将自己的发现写在纸上交给了友人。以这封信为契机，他的研究成果终于得到了世人的认可——在他去世 50 年之后。

他也太倒霉了吧，我都忍不住想哭了！

吐槽兔！

黑死病流行期间宅在家的牛顿有了大发现

为预防传染病，人们会对城市采取封闭式管理措施。其实，著名的科学家牛顿在上大学的时候，曾因黑死病流行而不得不停课回家。

可是，他并没有因此消沉，而是把多余的时间投入到研究当中，最终完成了对万有引力定律、微积分、光谱分析等流传后世的理论的研究。

他称这一时期为“创造的假期”。

能够把危机转化成机遇才称得上是天才呢!

嘟囔菇

似乎有过“雉兔同笼”的叫法

在日本，“龟鹤同笼（龟鹤算）”这个数学问题十分有名。

问题的内容是：笼子里有龟与鹤，一共有 50 颗头、156 只脚，求这时龟与鹤分别有几只。我们知道，龟与鹤各有 1 颗头，龟有 4 只脚，鹤有 2 只脚，以此为基础展开后面的计算。日本的小学教科书里并没有这个问题，能够解开该问题的小学生可以说是算术方面的佼佼者啦。

“龟鹤同笼”的问题源远流长，早在约 1500 年前就在中国的数学著作《孙子算经》中登场了。然而，这本书中所求的并不是“龟”与“鹤”的数量，而是“雉”（野鸡）与“兔”的数量。

江户时代，这个问题从中国传到了日本。不过后来日本人认为龟与鹤的寓意更好，便将其改称为“龟鹤同笼”。因为在中国，龟与鹤是长寿的象征，日本人也常说“鹤千年，龟万年”。

来解解看龟鹤同笼的问题吧

笼子里有龟与鹤，一共有 50 颗头、156 只脚，求这时龟与鹤分别有几只。

如果 50 颗头都是鹤的头，那么鹤脚的数量为：
2 × 50 = 100（只）
多余的鹤脚的数量为：
156 - 100 = 56（只）

50 颗头中有一部分是乌龟的头，1 只龟比 1 只鹤多出 2 只脚。
因此可知乌龟的数量为：
56 ÷ 2 = 28（只）
鹤的数量为：
50 - 28 = 22（只）

答：鹤有 22 只，龟有 28 只。

现在中国的数学书中似乎写成“鸡兔同笼”呢。

一惊一乍伟人

知识

用小判付钱是没办法找零的

现代日本最大面值的纸币为1万日元。如果用1万日元买100日元的东西，则刚好可以得到9900日元的零钱。但是在江户时代，人们没法这么顺利地找零。

江户时代常用的货币单位是两，1两相当于1枚小判（日本江户时代通用的金币之一，薄椭圆形，正反面均有印记），如果换算成现代货币，1枚小判约等于10万日元。

除了小判以外，还有其他的金币和银币，但平民所使用的是廉价的铜币。除了1文铜币以外，还有4文、10文、100文铜币等小额货币。江户时代后期的1两约等于6500文。

那个时代有许多荞麦面铺，每碗面16文，价格实惠，平民也能轻松消费。可是如果用1两付钱，那么找的零钱就会变成6484文。这么多铜币，光是一文一文地数就很麻烦了，而且店家也不会准备这么多零钱，所以说1两很难花出去。

江户人对荞麦面情有独钟，为了吃上一口新荞麦会特意将小判换成零钱，甚至还涌现出了相关的“川柳①”。

①川柳：江户时代流行的一种以5、7、5的顺序排列的17个音节组成的简短诗歌，内容大多是调侃人情世故、人性的弱点、社会的弊端等，语言轻松诙谐。

用1枚小判可以吃多少碗荞麦面呢

1枚小判（1两）约为6500文，1碗面要16文，来算算看吧。

6500 ÷ 16 = 406.25（碗）

每天吃1碗，吃1年都绰绰有余。

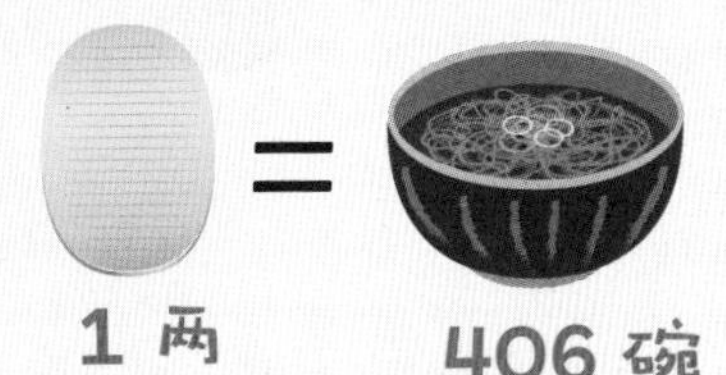

现代的话只要用手机或者刷卡就能支付了呢！

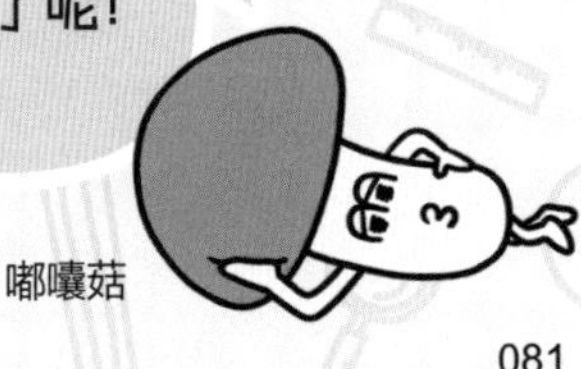

知识

突然听说“今年有13个月”

现在世界各地使用的历法是阳历。这种历法以地球绕太阳转1圈的时间为1年，符合四季的变化规律。然而，古代人们使用的是以月亮阴晴圆缺的变化为基础的阴历。

阴历以满月到下一个满月或新月到下一个新月的时间为1个月。

阴历的1个月为29.5306天，1年为29.5306天×12 = 354.3672天。阳历的1年为365.2422天，较阴历更长，两者相差10.875天。

换言之，阴历与阳历每年约相差11天，3年就会相差1个月以上。如此下去，季节与日历将无法对应，于是人们在阴历中每隔3年增加一个“闰月”，使那一年有13个月。一般在19年中大约会有7个闰月。

在古代中国，哪一月做闰月是依照二十四节气而定的。在古代日本，闰月是由中央政府机构——幕府决定的，在见到来年的日历之前，一般民众往往无从知晓。

阳历与阴历的区别是什么

计算一下阳历1年与阴历1年的长度之差吧。

365.2422天 - 354.3672天
= 10.875天

1年约相差11天
3年约相差1个月

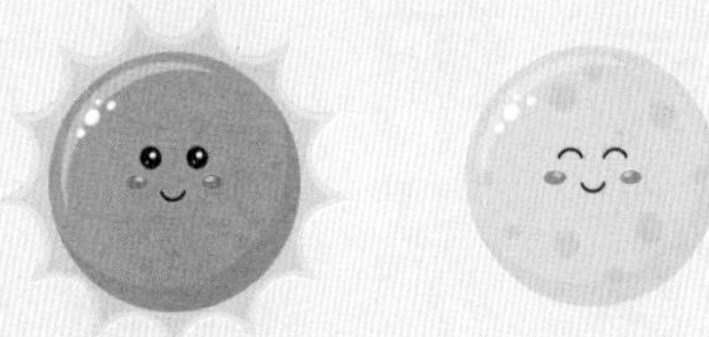

日本的历法改用如今的阳历是在1873年，差不多是150年前的事情哟！

一惊一乍伟人

知识

曾经在全世界名列前茅的和算却被明治时代的官员废除了

日本一边受从中国传来的数学著作的影响，一边发展出了具有自己特色的古典数学——和算。

“龟鹤算”“旅人算”“老鼠算”等和算颇具故事性，能够激发人们的学习兴趣。在江户时代，和算家们的活动十分活跃，他们创造出了许多高难度的理论。

然而到了明治时代，新政府开始效仿西洋各国推进近代化。学校教育制度焕然一新，算术教育方面也决定采用西洋的模式，因此学校决定不在课堂上教授和算的内容。

起初，教授算术的教师以和算家居多，但随着时间的推移，受过近代教育的教师开始教授算术知识，和算家变得越来越无足轻重。

其实那个时代和算的水平算是很高了，甚至可以说在全世界名列前茅，逐渐走向衰弱真是好可惜呀。

和算中使用的“算筹”是什么

算筹是和算与中国古代数学中使用的一种计算工具。通过将小木棍横着摆或竖着摆来表示数的多少。

1 2 3 4 5 6 7 8 9

和算在江户时代大为流行，甚至还涌现出了边游历全国边教授和算的游历和算家。

万能博士

知识

算盘禁止令！学生："那我不上学了。"

大家学过算盘吗？在室町时代，算盘从中国传到了日本。算盘曾经是平民生活的好帮手。虽然现在日本的学校还在教授珠算（算盘的使用方法），但其实算盘在日常生活中已经几乎消失了。

在日本的明治时代，由于教育制度的变革，西洋数学取代了和算，本来算盘也应该随之消亡的，然而当时遭到了平民的强烈反对。

“如果不能学算盘，那上学也没意义。”社会上接二连三地出现了许多不去上课的孩子。

混乱之中，迫于无奈，明治政府只好承认珠算教育，算盘也开始改用阿拉伯数字，这才得以幸存至今。

日本平民对算盘的喜爱一直持续到了1975年左右。原以为随着计算机登上历史舞台，算盘会彻底消失，不料，脑科学的热潮带动了算盘的复活。如今，世界上许多国家的小学都在对学生进行珠算教育。

日本算盘的变化

江户时代

虽然有各种各样的算盘，但是上面2珠、下面5珠的算盘是主流。

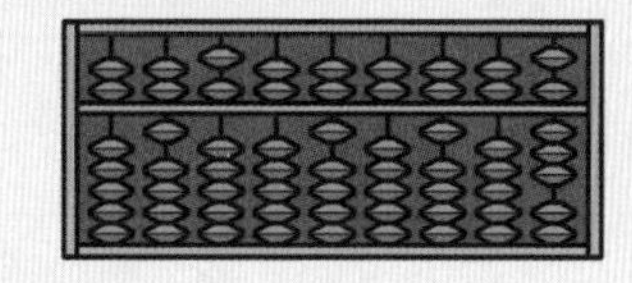

明治时代

一律统一成上面1珠、下面5珠的算盘。

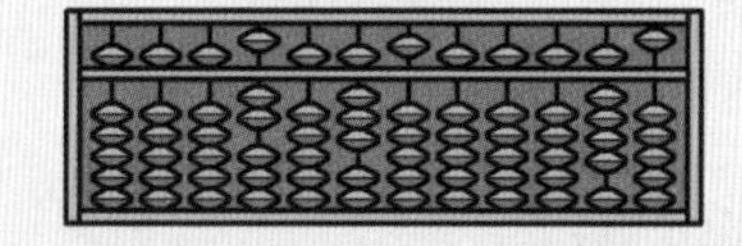

昭和时代[①]

随着十进制的普及，变成了上面1珠、下面4珠的算盘。

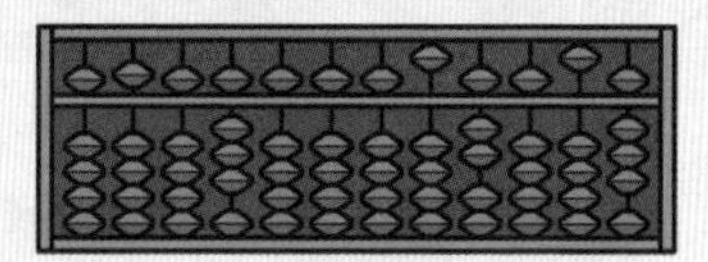

①昭和时代：1926—1989年。

听说使用算盘可以锻炼人的右脑，
对记忆力衰退的大人也有帮助哟！

嘟囔菇

太喜欢和算，以至于把问题供奉给了神明

日本曾在江户时代掀起了一股和算的浪潮。

那时人们格外地喜欢和算，甚至把和算的问题和解法写在“绘马[①]”上供奉给神明，这在全世界也是绝无仅有的风俗。

写有和算问题与解法的绘马叫作“算额”。不仅是和算家，喜欢和算的普通人也纷纷奉纳算额，挂在神社佛阁里。

起初，人们供奉算额是为了酬谢神明使自己在和算上取得进步，后来渐渐变成了显示自身学力的一种手段，其中还有类似“挑战书”一般的算额——故意只写难题却不写答案。

也有许多人为了“应战”，绕着算额一边来回踱步一边挑战难题。不知不觉中，神社佛阁成了和算爱好者交流的场所，武士和农民也都像玩游戏一样着迷于解答算额上的难题。

算额上的问题具有较高的水平，有些问题的内容甚至和 20 世纪中期发表的数学定理相同，着实令人震惊。

①绘马：日本人为了祈愿或者还愿而向神社、寺院供奉的带有图案的木牌。——译者注

什么是算额

大多数写着问题的绘马都有大约 1 张榻榻米那么大。为了更加显眼，人们会把问题涂成彩色的，挂在神社佛阁里。如今日本还残留着大约 1000 块算额。

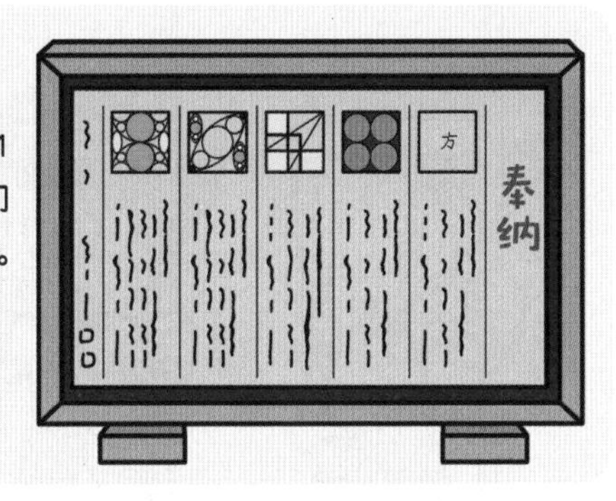

也替神明想想吧，神明收到这些难题该是什么反应啊！

时、分、秒是六十进制，1秒以下却是十进制

亚洲男子百米短跑纪录是 9 秒 91。但是仔细一想，9 秒 91 听起来不会很奇怪吗?

因为在时间上 60 分钟为 1 小时,60 秒为 1 分钟。我们学过，一旦满 60，时间的单位就要改变，这叫作六十进制。但是上面的“9 秒 91”中的“91”是比 1 秒还小的时间，并不满足六十进制的转换规则，对吧? 这是为何?

实际上，提示就隐藏在“9 秒 91”之中。仔细观察会发现，比 1 秒来得小的数后面并没有跟着时间单位。没错，时间单位只有“时”“分”“秒”，没有比秒还小的时间单位。因此，1 秒以下的数也不会进位成为秒。

如下图所示，以前的机械秒表只能按照表盘上标明的那样测出 1/5 秒，但现在精度提高，已经能够测出 1/1000 秒。因此，只要想测，9 秒 1000 这样的记录也不在话下哟。

以往测出 9 秒 8 就是极限了吗

在以前使用的机械秒表的表盘上，1 秒内的刻度最多只能有 4 个。因此人们只能精确到 1 秒的 1/5，如 9 秒 2、9 秒 4、9 秒 6、9 秒 8。

人们总是连细节也挂在心上。

但是，像这种思考“为什么”的好奇心是很重要的哟!

嘟囔菇

伟人

16年4万千米的艰辛

差不多绕了地球1圈，却无法看见完成的地图

日本首个通过测量制作出日本地图的人是生活在江户时代的伊能忠敬。

他出生在如今的千叶县九十九里町，自幼好学。后来他到一个商人家庭做上门女婿，不仅为其重整店铺，还将生意做得越发兴隆。临近 50 岁时，他选择了隐居，来到了江户（现在称东京），开始学习儿时起就十分向往的天文历法。

55 岁时，他率领测量队从江户出发，历经 16 年走遍全日本，测量了海岸线的长度。最初的测量地是虾夷地（现在的北海道）。

他实际上是徒步前往各地测量的，徒步无法通行的地方就乘船从海上测量。16 年走过的路程竟达 4 万千米，这约等于绕地球 1 圈的长度。

遗憾的是，地图是在 1821 年制作完成的，而伊能忠敬则在地图完成的 3 年前，也就是 1818 年去世了，享年 73 岁，终究未能亲眼看见弟子完成的地图。

伊能忠敬的测量方法

测量曲线时，在拐弯的地方设置标志，测量标志之间的直线距离以及角度，再加上天文学知识的辅助，这才得以制作出正确的地图。

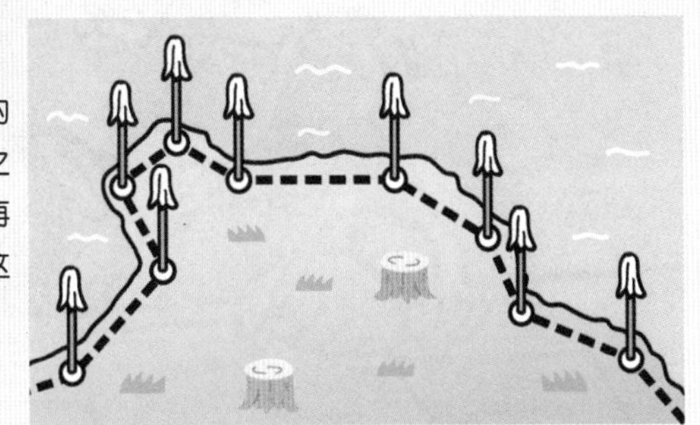

伊能忠敬一边测量一边坚持观测北极星，算出了地球的圆周长约为 4 万千米，这与实际的长度大致相等哟！

万能博士

伟人

多亏牙疼，帕斯卡才有了新的理论

大家在学校学习过的“三角形的内角和为180度”的定理可以应用在各种计算上，十分方便。当初，布莱士·帕斯卡(Blaise Pascal)在少年时代就凭一己之力证明了该定理。才华横溢的他是17世纪法国的哲学家、物理学家、数学家、发明家。

从小就天赋异禀的他在19岁左右为帮助父亲减轻工作负担而发明了机械式计算器。但是由于这两年多的时间里他对发明过于专注，劳累过度，竟把身体搞垮了。

帕斯卡饱受牙疼的折磨。为了忘记疼痛，他努力钻研数学难题，最终提出了新的理论。据说等到问题解开的时候，他的牙也不疼了。

他的一生留下了数不尽、书不完的发现和发明，遗憾的是，他39岁就因疾病英年早逝了。

帕斯卡的发现与发明

他发现了“帕斯卡三角形”“帕斯卡定理”“帕斯卡定律”等，还发明了公共马车，甚至留下了那句名言——人是会思考的芦苇。

帕斯卡三角形

1
1 1
1 2 1
1 3 3 1
1 4 6 4 1
1 5 10 10 5 1
1 6 15 20 15 6 1

第1行与各行两端的数为1。中间的数为左上方与右上方的数之和。据说其中隐藏着许多数列与其他性质。

天气预报里经常能听到的“百帕”其实是一种表示气压的单位，它得名于帕斯卡的名字哟！

万能博士

阿基米德赤身裸体时的大发现

阿基米德（Archimedes）是古希腊著名的数学家、发明家、天文学家。

有一次，国王命人打造了一顶纯金的王冠。完工后，国王怀疑其中可能掺杂了白银，便命令阿基米德调查。该如何调查呢？阿基米德苦思冥想了多日。

有一天，带着这个烦恼，阿基米德前往城中的公共浴池泡澡。当他踏入放满了水的浴盆时，他发现有一部分水从浴盆里溢了出来。阿基米德恍然大悟，大喊一声“尤里卡（我知道了）！”便一丝不挂地从大街上跑回了家。

据说正是这次泡澡经历帮助他发现了与浮力相关的“阿基米德定律”。

后来，他准备了与王冠一样重的黄金，将两者分别放入水中，发现王冠排出的水量更多。这是因为金比银的密度大。就这样，阿基米德拆穿了纯金王冠掺假一事，同时也发现了“阿基米德定律”。

如何发现王冠不是纯金的

如果是纯金王冠，那么将王冠和与该王冠等重的金子分别浸入水中的时候，溢出的水的体积应该是相同的。如果不是纯金王冠，那么溢出的水的体积就会不同。

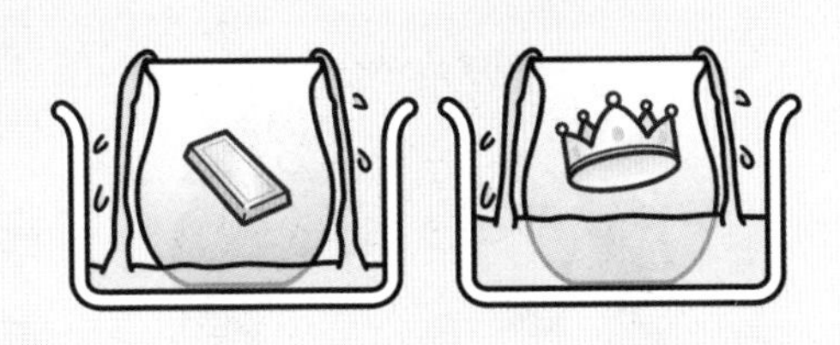

听说因为阿基米德的揭发，那个欺骗国王的工匠被处以了死刑。

一惊一乍伟人

因为搞错了单位，火星探测器失踪了

现在我们使用的长度单位是米，质量单位是千克。几乎所有国家都使用这种公制单位，而美国使用的是美式英制单位。谁也没想到，这样的差异却在火星上惹了麻烦……

事件发生在美国航空航天局（NASA）于 1999 年进行的一次火星探索任务中，已发射的火星探测器在到达火星后就与地球失去联系，下落不明。

原因是，探测器在进入火星大气时偏离了轨道，穿过了火星大气上层，与大气摩擦产生的热量致使探测器受损。

为何会偏离轨道？因为单位搞错了。探测器制作方在计算引擎的喷射推力时，使用的是美式英制单位。然而，接收数据的发射团队却误以为是公制单位。

一个不小心，耗费在这次任务上的巨大的人力、物力就打了水漂，多么可怕！

什么是美式英制单位

美国普遍使用的一种单位制。美式英制单位是从古埃及时代传承下来的度量衡单位。长度单位一般使用“码（yd）”，质量单位一般使用“磅（lb）”。

长度	质量
1 码（yd）= 91.44 厘米（cm）	1 磅（lb）= 453.59237 克（g）
1 英尺（ft）= 30.48 厘米（cm）	1 盎司（oz）≈ 28.3595 克（g）
1 英寸（in）= 2.54 厘米（cm）	1 格令（gr）≈ 0.0648 克（g）

难以置信！

这真是世界上最离谱的错误了吧！

吐槽兔

专题2

有趣的和算问题

和算是在日本发展起来的数学。直到明治时代学校改教西洋数学之前，日本人一直使用的是和算。在江户时代，一本名为《尘劫记》的算术书在商人、武士和农民之中广为流传，使和算得到迅速普及。

俵杉算

问题 算出堆成金字塔状的米袋子有多少的问题。最下层有7袋，倒数第二层有6袋，再上一层有5袋，以此类推。问：一共有多少袋米袋子？即便不一袋一袋地数，也有其他的方法哟！

答案 28袋

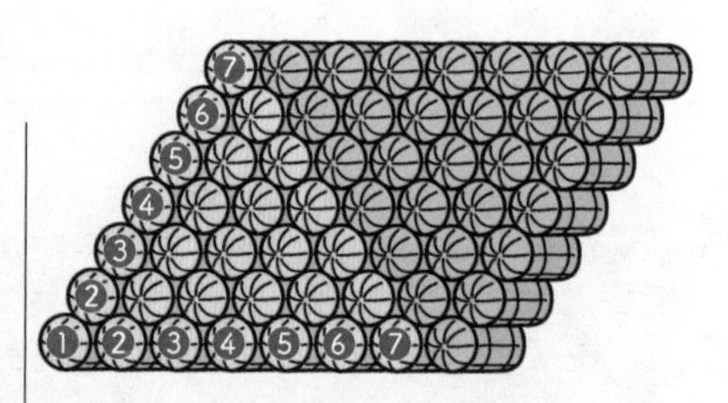

最下层的米袋子数与米袋子的层数相同，所以是个正三角形。为了方便计算，我们可以将一个“金字塔”倒过来，与另一个“金字塔”拼成一个平行四边形。最下层的米袋子数为7袋 + 1袋 = 8袋，层数不变还是7层，所以可以得到8袋 ×7层 = 56袋。这些米袋子数量的一半即56袋 ÷2 = 28袋，就是我们要的答案。

旅人算

问题 有关几个人同向而行或相向而行时的速度问题。有一对兄弟出门去河边钓鱼，离家 10 分钟后，父亲发现他们忘记带便当，便急忙出门追赶，想为他们送去。兄弟俩的行走速度为 60 米 / 分，父亲的行走速度为 90 米 / 分，问：几分钟后父亲能追上兄弟俩并把便当送给他们呢？

答案 20 分钟后

如果兄弟俩每分钟前进 60 米，那么当父亲出门时，用 60 米 / 分 ×10 分钟可知他们走在父亲前方 600 米处。父亲出发 1 分钟后，用 90 米（父亲每分钟移动的距离）减去 60 米（兄弟俩每分钟移动的距离）可得 30 米。也就是说，每分钟父亲与兄弟俩之间的距离会缩短 30 米。兄弟俩领先父亲的距离为 600 米，所以用 600 米 ÷30 米 / 分可以得到 20 分钟。因此，20 分钟后父亲就能追上兄弟俩并把便当交到他们手中了。

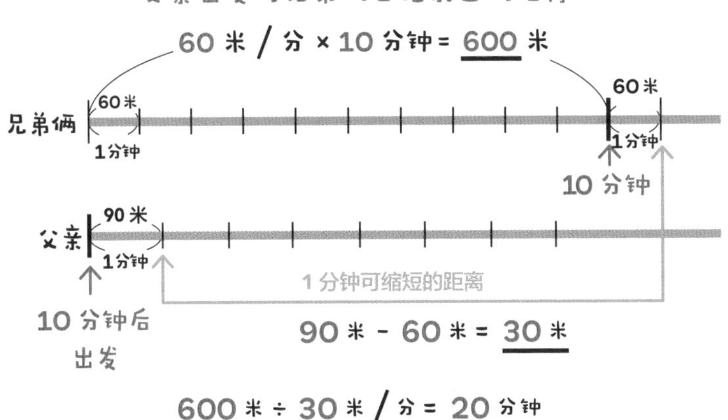

盗人算

问题 盗人算又被称为盈不足问题或盈亏问题。盗人（小偷）们在桥下对盗窃的绸缎进行分赃，如果按每人 7 反[①]来分，则多出 16 反；如果按每人 9 反来分，则又少 10 反。问：盗人共有几人，绸缎共有几反?

①反：日本表示布匹等物品的面积单位。1 反的长度约为 10 米，够做 1 个人的和服。

答案

盗人 13 人，绸缎 107 反

虽然我们不知道盗人的数量，但如果分别按 1 人 7 反与 1 人 9 反来分，则每人分得的绸缎相差 2 反（9 反 – 7 反）。

按每人分 7 反，则多出 16 反；按每人分 9 反，则少了 10 反，这两种情况下盗人们分得绸缎的总差是 26 反（16 反 + 10 反）。那么，用分得绸缎的总差（26 反）除以每个人分得的绸缎之差（2 反 / 人），就可以得到盗人的人数。

26 反 ÷2 反 / 人 = 13 人

如果按照“每人分 7 反则多出 16 反”的情况来计算，那么绸缎的总数为 107 反。

7 反 / 人 ×13 人 + 16 反 = 107 反

如果按照“每人分 9 反则少了 10 反”的情况来计算，绸缎的总数依然是 107 反。

9 反 / 人 ×13 人 – 10 反 = 107 反

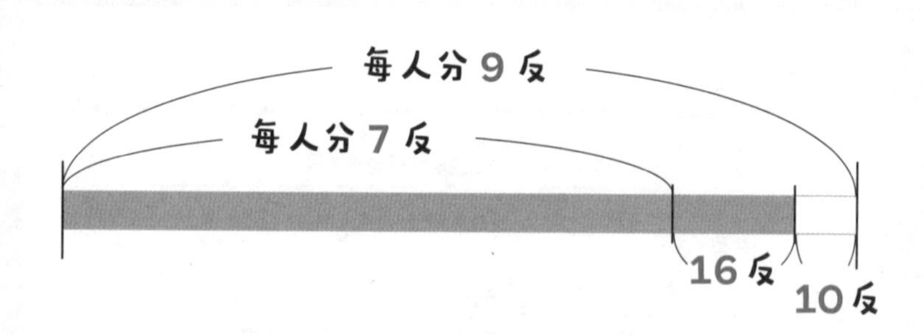

分油算

问题 据说这是从传教士那里流传下来的分油问题。有一个装满油的10升斗，另外各有一个空的7升斗和3升斗。问：若有2人想平分这些油（1人5升），该怎么做？

答案

❶ 用3升斗从10升斗中盛满油后倒入7升斗中。

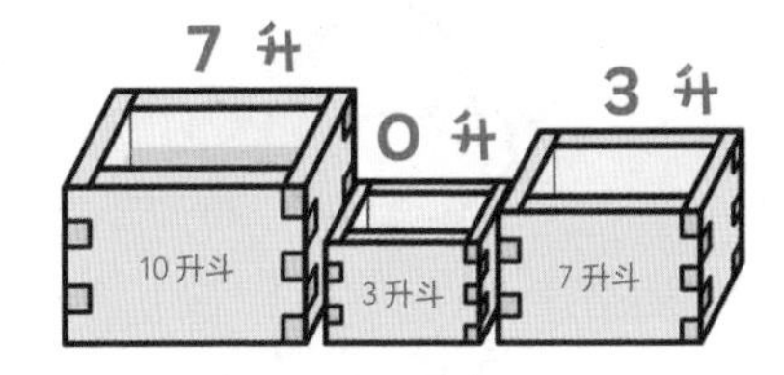

❷ 重复①的过程。

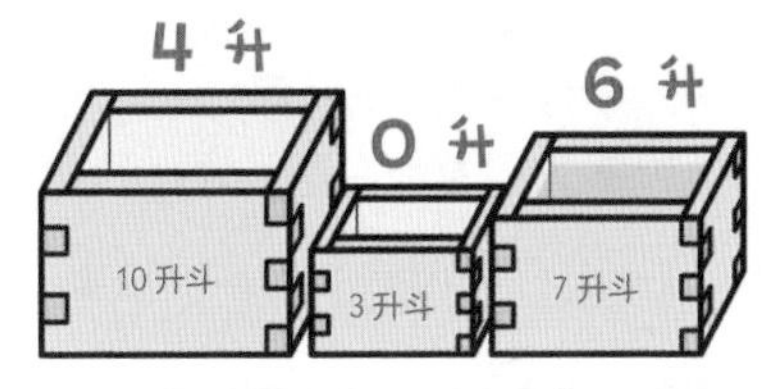

❸ 再次重复①的过程时，由于7升斗中已有6升的油，所以只能再装1升，剩下的2升暂时留在3升斗内。

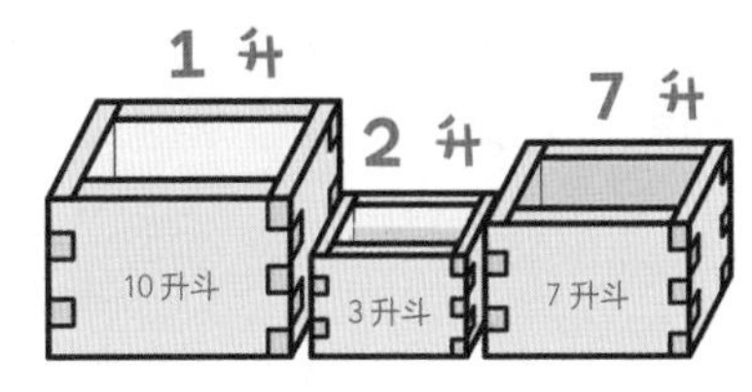

❹ 将7升斗中的油全部倒入10升斗中。

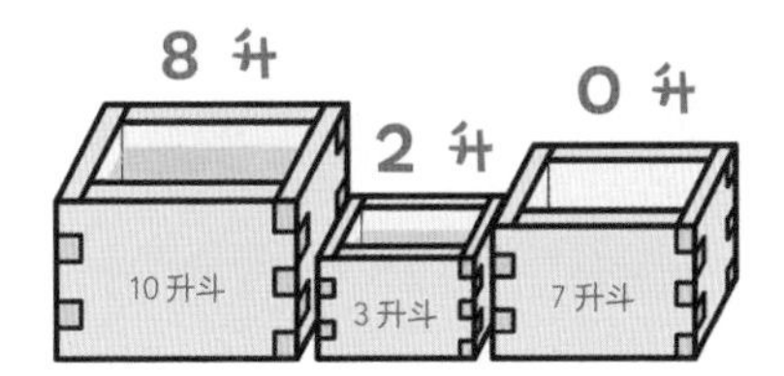

❺ 将3升斗中剩下的2升油全部倒入7升斗中。

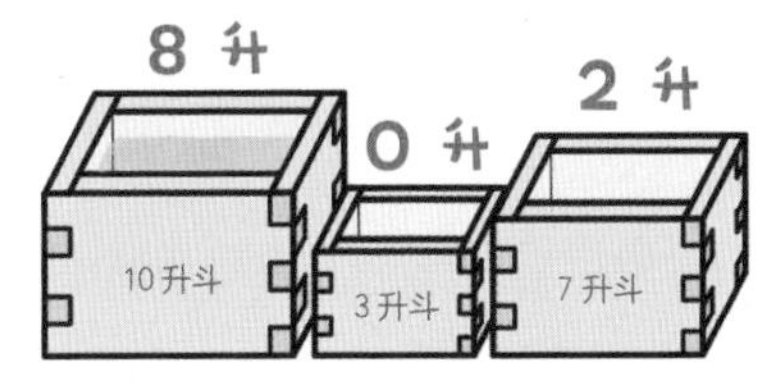

❻ 用3升斗从10升斗中取出3升的油倒入7升斗中。

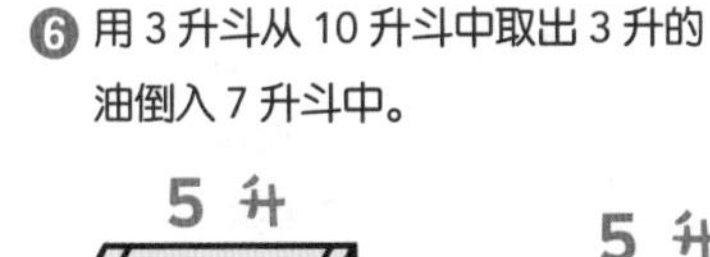

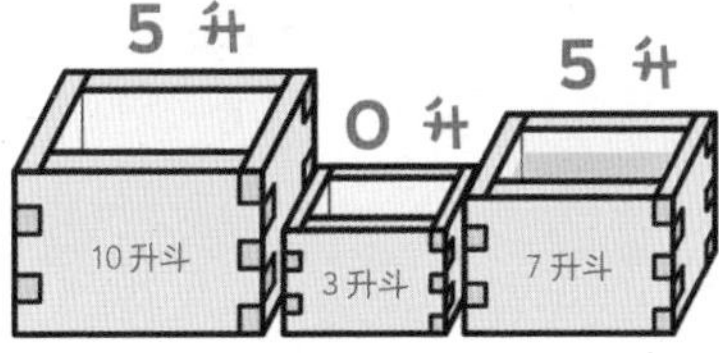

出现数字的
四字成语与惯用语

“七跌八起”为何不是七跌七起

这个日本成语的意思是，不管失败多少次都能拿出勇气重新爬起来、继续努力。的确，按理来说，跌倒七次只要爬起来七次就可以了吧。

至于为什么是“八起”呢，这是因为人类出生后第一次学会站立的时候就已经被看成是第一次“爬起”了。

此外，据说还有一种说法是，“八”这个数字的下端呈逐渐舒展的样子，所以在日本被视为吉利的数字。

不仅如此，这个成语还被用来形容人生起起伏伏。

“四苦八苦”到底是几苦

答案并非十二苦，而是八苦哟。

原本这是一个佛教用语，“四苦”指生之苦、老之苦、病之苦、死之苦。“八苦”是在原来的四苦之上再加上与所爱之人的别离之苦、与所恨之人的相遇之苦、对所求之物的不得之苦、前七苦因之而生的五阴炽盛苦。

因此，后来这个成语也用来形容“非常痛苦”或“很不容易”。

3

神奇的数学

什么是神奇的数学

其实有一些捷径可以帮助人们更轻松、更快速地计算。

要是不知道这样的数学就太可惜啦，

说不定还会有大麻烦。

确实有一些计算很辛苦又麻烦呢!

哟，没想到还有捷径啊!

有什么捷径的话早点说不就好了嘛!

但是这些捷径也得记在脑子里才有用呀。

不用笔算就能知道 99 + 99 的答案

即便是擅长计算的小学生，要是突然被问道："99 + 99 是多少？"大概也会不知所措。心算的话有些难度，因此怕是只能准备好纸笔进行笔算了吧。

但是，接下来要传授给你的"大招"可以让你抛开纸笔，无须笔算就能在数秒内得出答案。

步骤如下：首先，100 减去 1 后可以得到 99，对吧？因此 99 可以用 100 − 1 来表示。然后 99 + 99 会变成 100 − 1 + 100 − 1，改变一下顺序后会得到 100 + 100 − 1 − 1 = 200 − 2，这样立刻就能算出 198。

用这样的方法来计算简直不费吹灰之力。如果问"99 + 99 + 99 + 99 + 99"等于多少呢？这个算式相当于 5 个"100 − 1"，也就是 500 − 5，所以答案是 495。

如此这般，只要稍微在计算方法上花点心思，那么一直以来老老实实计算的题目也会变得非常容易。

尝试巧妙地算算看 9999 + 9999 的结果吧

9999 相当于 10,000 减去 1，对吧？

9999 + 9999 = 10,000 - 1 + 10,000 - 1

= 20,000 - 2 = 19,998

答： 19,998

一旦明白了计算方法，就会发现 99 + 99 其实超级简单！

嘟囔菇

把退位减法和加法结合起来，计算会变得简单

若有人告诉你“做减法计算的时候用上加法会更轻松”，你会不会觉得有点奇怪？让我们来算算看 83 － 28 是多少吧。看起来似乎有些麻烦，总之先尝试一下。

答案是55。大家算出来了吗？像这种需要退位的减法无法轻易算出来，还容易发生计算错误。

这时我们就要请加法登场了，只要给 83 与 28 各加上 2 就大功告成啦！这样一来，83 变成 85，28 变成 30，整个式子变为 85 － 30，就变成了不退位减法，答案依然是 55。

为什么要加 2 呢？这是因为给减数“28”加上 2 以后，可以把它变成容易做减法计算的整十数“30”。

如果是 61 － 17，我们给被减数和减数都加上 3 后就会变成 64 － 20；如果是 134 － 59，我们给两数都加上 1，就会变成 135 － 60。

将减数变成整十数，减法计算就会变得超级简单了。

找零时的简便计算

如果我们买了 51 元的东西并使用 100 元支付，找零就是 49 元，那么钱包里就会多出许多零钱。如果我们给 100 元添上 1 元，也就是用 101 元支付的话，会如何呢？

$$101 - 51 = 50（元）$$

找回的零钱变成整十数 50 了吧。

明明如果所有商品的价格都是整十数，计算就方便多了啊！

嘟囔菇

震惊！方格网状的道路网上没有捷径

在如左图所示的方格网状的道路网中，如果要从起点走到终点，大家觉得哪条路线是最短的呢？

是只拐一次弯的路线 A 吗？还是锯齿形的路线 B 呢？大家或许会觉得路线 A 绕了远路，但其实路线 A 与路线 B 的长短是一样的。

分别数数看两条路线所经过的正方形的边数，会发现路线 A、B 都经过了 7 条边。若问是否有其他更短的路线，答案是否定的。要想不绕远路抵达终点，从起点出发后只能往上走或往右走，而不管选择哪一条路线，都一定会经过正方形的 7 条边。

也就是说，在方格网状的道路网中是没有特殊捷径的。另外，在左图所示的道路中，通过 7 条边的最短路线总共有 35 条，想要绕远路反而没有那么容易……

路线 A 与路线 B，哪条更短

在下图的三角山和半圆山中，路线 A 与路线 B 都是等长的。在三角山中，我们发现两条路线不重叠的地方的长度其实是一样的。在半圆山中，由于半圆的弧长等于 1/2 直径 ×3.14，路线 A 的半圆的直径与路线 B 的两个半圆的直径之和相等，因此它们的弧长也相等。

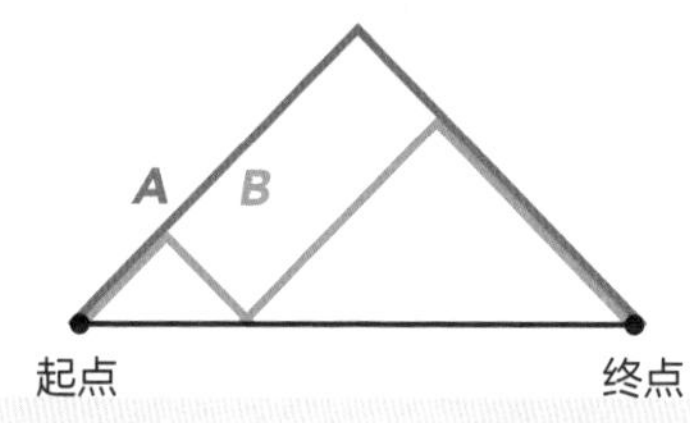

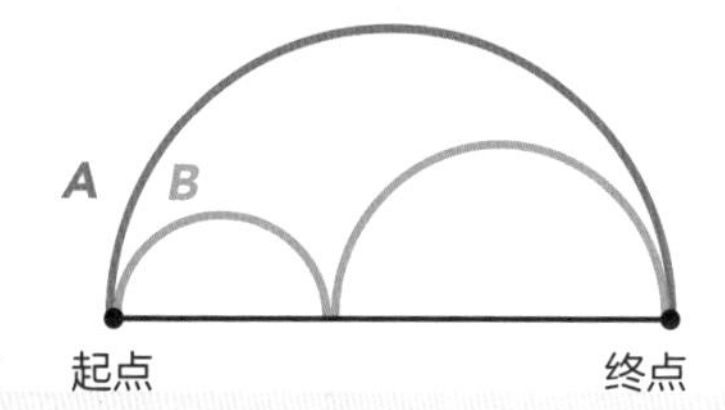

不管是从外面绕还是往中间钻，到头来距离都一样嘛！

吐槽兔

玩“取数游戏”一直输并不是因为你倒霉

大家听说过“取数游戏”吗?规则如下：准备13个苹果，2人轮流将苹果取走，最后将苹果取完的人为输家，每人1次只能取走1～3个苹果。

举个例子，设A先取，B后取。第1次，A、B都取2个；第2次，A取3个，B取1个；第3次，A取1个，B取3个。

到目前为止，A、B共取走了12个苹果，取走最后1个的会是A，所以A输了。

其实，像这样的取数游戏，后取苹果的B是有必胜技巧的。这个技巧就是：如果A先取走了1个，那么B就取3个；如果A先取了2个，那么B就取2个；如果A先取了3个，那么B就取1个，总之就是要使A、B每次取走的苹果数相加得4。

如此一来，不管A每次取走多少个苹果，3次以后一定能够实现4 + 4 + 4 = 12，所以第13个一定会被A取走。

先取苹果的A会比较吃亏

如果规定“最后将苹果取完的人为输家”，后取的B每次都可以使两人当次取走的苹果数相加为4，所以A无论如何都赢不了。

原来如此，如果能使被取走的苹果总数一直是4、8、12等4的倍数，就胜券在握啦!

一惊一乍伟人

不用背九九乘法表的第四行

在我们一边反复朗读一边努力记住的九九乘法表中，最让人头疼的就是第 9 行了。许多人不能准确地说出第 9 行各项的答案，又或者对第 9 行的背诵没有信心。其实，第 9 行中隐藏着一个秘密，大家发现了吗？

$9\times1=\mathbf{9}$

$9\times2=18\rightarrow1+8=\mathbf{9}$

$9\times3=27\rightarrow2+7=\mathbf{9}$

$9\times4=36\rightarrow3+6=\mathbf{9}$

$9\times5=45\rightarrow4+5=\mathbf{9}$

$9\times6=54\rightarrow5+4=\mathbf{9}$

$9\times7=63\rightarrow6+3=\mathbf{9}$

$9\times8=72\rightarrow7+2=\mathbf{9}$

$9\times9=81\rightarrow8+1=\mathbf{9}$

现在注意到了吧？只要把第 9 行各项答案的十位和个位相加，一定能够得到“9”。而且，个位是按照 9、8、7、6、5、4、3、2、1 排列的，十位是按照 0、1、2、3、4、5、6、7、8 排列的。知道这个秘密的话，也就没有必要反复背诵九九乘法表啦。

记住第 9 行的其他方法

可以把第 9 行都变成 10 的乘法，再减去右边的乘数就能得到答案。

$9\times1=10\times1-1=9$

$9\times2=10\times2-2=18$

$9\times3=10\times3-3=27$

$9\times4=10\times4-4=36$

$9\times5=10\times5-5=45$

$9\times6=10\times6-6=54$

$9\times7=10\times7-7=63$

$9\times8=10\times8-8=72$

$9\times9=10\times9-9=81$

顺带一提，如果将第 8 行各项答案的十位和个位相加就会得到 8、7、6、5、4、12、11、10、9 哟！

万能博士

不会吧！19×21竟可以瞬间算出来

两位数之间的乘法很麻烦吧，不笔算就很难算出来。可如果是 19×21，即便不笔算也能瞬间得出答案。

除此以外，像 29×31、39×41、49×51 的答案也能很快算出。这些算式有共通之处，大家知道是什么吗?

那就是，被乘数和乘数相差 2。这样的两个两位数的乘法，只要将它们中间的数平方后减 1 就能得到答案。

以 19×21 为例，19 与 21 的中间数为 20，所以 20×20 得 400，400 − 1 得 399，这就是答案。

29×31、39×41、49×51 也是如此，同样可以通过心算得出答案。其实，像 27×29 这样的，只要是差为 2 的两位数相乘，全都适用于上述的方法。然而，如果这两个两位数的中间数不是 20、30 这样的整十数，就算将它平方，到头来计算还是会很麻烦。

能够瞬间得出答案的两位数的乘法

如果这两个两位数的中间数是像 20、30 这样的整十数，那就可以通过心算来解决啦。

29×31＝30×30－1 ＝899

39×41＝40×40－1 ＝1599

49×51＝50×50－1 ＝2499

59×61＝60×60－1 ＝3599

69×71＝70×70－1 ＝4899

79×81＝80×80－1 ＝6399

89×91＝90×90－1 ＝8099

可以心算的范围也太小了吧!

找起来反而很麻烦吧!

吐槽兔

印度式乘法很便利却也很麻烦

印度人对数字非常敏感。近年来，印度人在 IT 领域更是人才辈出。在印度，有一种与众不同的乘法计算方法。下图中，左侧是我们常见的乘法，右侧是印度式乘法。

印度式乘法是一种很棒的乘法，即便不会九九乘法口诀也没关系，人们只要通过点和线就能计算。如下图所示，被乘数“23”的 2 和 3 分别用 2 根与 3 根红色的斜线表示。

同样地，乘数“12”的 1 和 2 也分别用 1 根与 2 根蓝色的斜线表示。蓝线与红线须交叉。

数一数蓝线与红线的交点就可以知道答案是 276 啦。

如果掌握了这种印度式乘法，幼儿园的小朋友或许能够比已经学习了九九乘法表的小学生更快算出答案，但是计算过程似乎有些麻烦。

通过点和线进行计算的印度式乘法

使用印度式乘法的话，即便不知道九九乘法口诀，也可以像右图那样仅凭点和线来计算。不过，这个方法只适用于两位数的乘法。

中国式乘法

$$\begin{array}{r} 23 \\ \times\ 12 \\ \hline 46 \\ 23\ \ \\ \hline 276 \end{array}$$

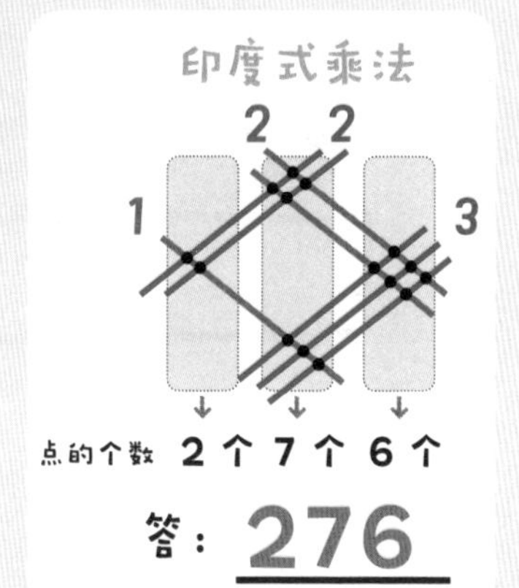

本来觉得好方便！但是一想到 99×99 的话，就得画 36 根线啊！

吐槽兔

老实地算大正三角形中小正三角形的数量

如左图所示，如果问你大正三角形中有多少个小正三角形，你会怎么数？有这么多个小正三角形，或许只好一个一个地数了吧。

但是，如果大正三角形里有50层小正三角形呢？

不用担心，不用一个一个地数到昏天黑地，还有别的方法。只要知道小正三角形有几层，就能很快得出答案。说白了，如果有50层，那么小正三角形的个数就是50×50即2500个。

思考一下有5层小正三角形的情况。如下图所示，我们将位于顶点的小正三角形看作是第1层，我们会发现，第1层有1个小正三角形，到第2层共有4个，到第3层共有9个，到第4层共有16个，到第5层共有25个。也就是说，存在着这样一个规律：层数×层数=小正三角形的个数。

没想到能够这么容易地算出答案，之前辛辛苦苦地挨个去数真是白费力气了。

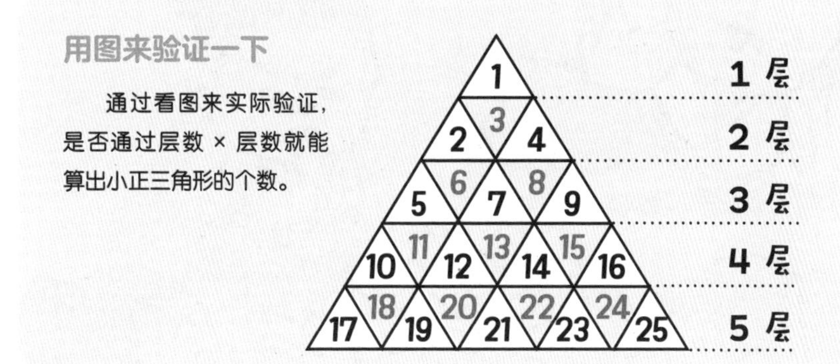

踏实计算也是很重要的哟！

不过，在考试的时候一个一个地去数就耗费太多时间啦！

嘟囔菇

迅速判断出某个数能否被3整除的方法竟然存在

这是一个算术问题。若问18个糖果能平均分给3个人吗？答案是能，每个人可以分得6个。因为总数很少，只有18个，而且又是3的倍数，所以我们很快就知道这个数可以被3整除。

可是，若问3462元能够平均分给3个人吗，因为不知道这个数能不能被3整除，所以大家或许会先尝试笔算。

其实，有一个方法可以让我们不用笔算也能知道该数能否被3整除。

首先，我们来罗列一下九九乘法表中3的倍数，有3、6、9、12、15、18、21、24、27等。接着，我们将这些数的十位与个位上的数相加，会得到3、6、9、3、6、9、3、6、9。这些数全都能被3整除，对吧？

总而言之，要判断一个数能否被3整除，我们只须将该数各个位上的数相加，再确认一下它们的和能否被3整除就可以啦。

在上面的问题中，由于3 + 4 + 6 + 2 = 15，所以我们很快就能知道3462可以被3整除啦。

我们也能知道某个数能否被9整除

与3一样，要想知道某个数能否被9整除，我们只须将其各个位上的数相加，如果它们的和能被9整除，那么该数也就能被9整除。

14,724能否被9整除呢？
将其各个位上的数相加后会得到：
1 + 4 + 7 + 2 + 4 = 18
18 ÷ 9 = 2
由于18能够被9整除，所以答案是：
14,724能被9整除。

如果某个数个位上的数是偶数，将其各个位上的数相加，再用相加后的和除以3，只要能被3整除，该数就能被6整除哟。

万能博士

不用量角器也可以知道五角星的内角度数

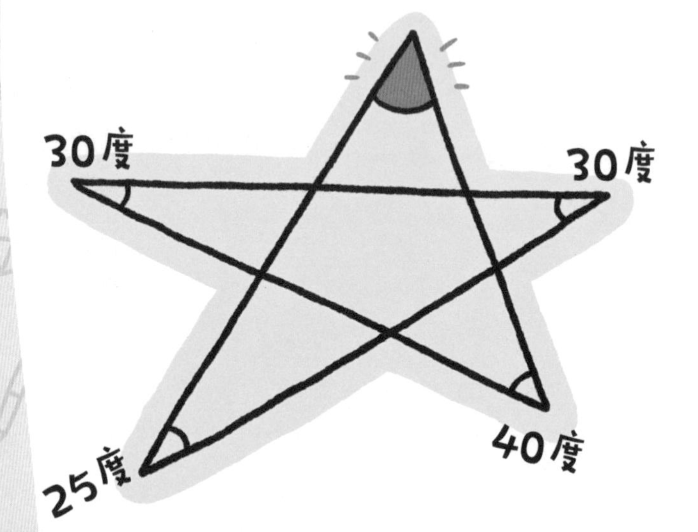

量角器是量角、画角的工具。在需要测量角度的时候，我们总以为必须拿量角器去量才行。

在左图所示的问题中，要求的是五角星的内角度数，5 个内角中只剩 1 个内角的度数不知道，我们可能会忍不住地想拿量角器去测量，但特意找量角器来量也是一件挺麻烦的事情。

其实，有一个更简单的方法。要知道，五角星的内角具有这样一个性质:5 个内角的和为 180 度。

如果 5 个内角中只剩 1 个内角的度数不知道，那么只要用 180 度减去其余 4 个内角的度数之和就可以了。通过这个方法，即便不大费周章地使用量角器，我们也能轻松地计算出度数。

五角星的内角和为什么是 180 度

利用三角形外角的性质，我们会发现五角星最上面的三角形中集齐了 A、B、C、D、E 这几个角的度数。因为三角形的内角和为 180 度，所以我们就能知道 A、B、C、D、E 的和为 180 度。

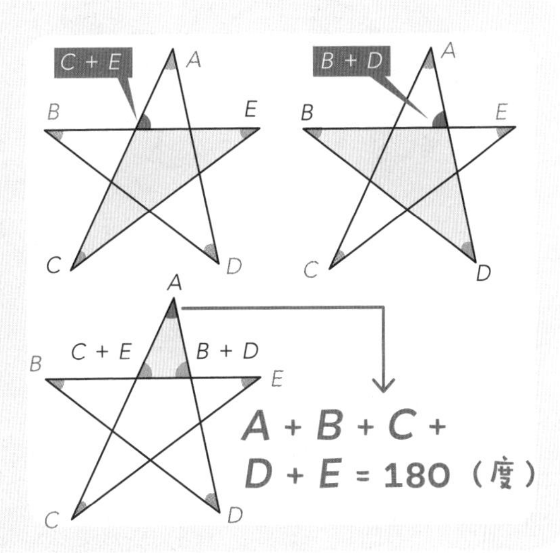

原来是利用了三角形的内角和为 180 度这一性质啊!

嘟囔菇

能否一笔连成 似乎一目了然

大家知道什么是“一笔连成”吗？一笔连成指的是笔尖不离开纸面，一口气完成的书画。同样的线条只能经过 1 次，但是线与线的交点可以通过好几次。

下图 A、B、C 中有 1 个无法一笔连成的图形。图 A 只要让笔绕一圈就能一笔画出来，图 B 只要从图形左右两边的任意一个③出发就能一笔连成，所以无法一笔连成的就是剩下的图 C 啦。

其实，有一个不用辛辛苦苦亲自尝试就能判断可否一笔连成的办法，我们只要数一数偶数点和奇数点的个数就可以啦。

像图 A 这样只有偶数点的图形可以一笔连成；像图 B 这样奇数点只有 2 个的图形也能一笔连成，只是必须从奇数点出发才可以。

像图 C 这样有 3 个以上的奇数点的图形，是无论如何也不可能一笔连成的。

什么是偶数点和奇数点

有 2 条、4 条、6 条等偶数条线交会的点称为偶数点；有 1 条、3 条、5 条等奇数条线交会的点称为奇数点。下图中的蓝色圆圈代表偶数点，红色圆圈代表奇数点，圈中的数字代表交会的线条数。

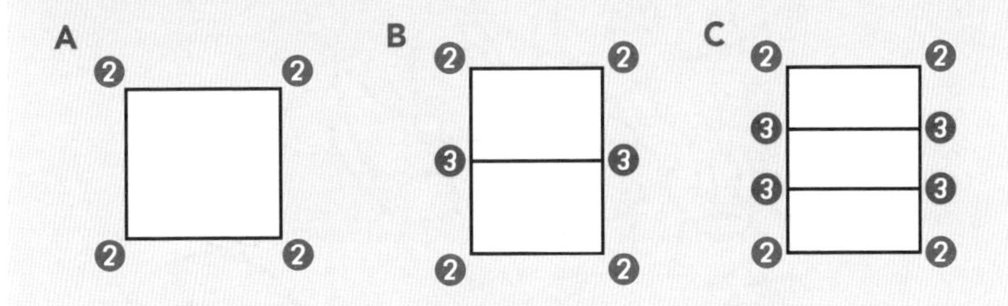

原来如此！

能否一笔连成，只要判断交点中有多少条线相交就可以了啊！

一惊一乍伟人

不使用橡皮也能计算两位数的除法

在算术中，两位数的除法是大家都很烦恼的对象。由于在计算过程中总是得不出商，所以让人很沮丧。我们会一边试商一边计算，试错了就用橡皮擦掉，重新试商、计算。此外，定商之前的计算量很大也是一个问题。

其实有两种方法可以将这种麻烦的两位数的除法变得更加简单。

请看下图A。在对 86÷14 进行笔算的时候，最初我们用“8”试商的时候，发现 8 与 14 的乘积比被除数还要大。但即便如此，此时我们也没有必要擦掉这个商，只须用斜线画掉，在商确定下来之前继续试商就行。

图B中演示的是另外一种方法，我们用较小的数“5”进行试商。由于被除数减去 14×5 后的余数比除数还要大，所以可以继续增加商的个数，最后得到的 5 + 1 = 6 就是最终的商。

不用擦去商的笔算方法

A 方法：在商确定下来之前不断试商，修正计算结果。

B 方法：虽然最初的试商试错了，但可以通过增加新的商来修正计算结果。

A

```
       6
       7̶   ┐
       8̶ ┐ │
14 ) 86  │修│修
    1̶1̶2̶ ┘正│正
     9̶8̶    ┘
     84
      2
```

B

```
      1 ┐
      5 ┘6
14 ) 86
     70
     16
     14
      2
```

如果试商的时候出现了两位数的乘法不是也很麻烦吗？！

井字棋
有必胜技巧哟

井字棋（圈叉棋）是这样的一种游戏：在 3×3 的方格中，先手与后手分别在格子里留下○与 × 的标记，最先将标记横、竖或斜向连成一线的一方获胜。

大家不觉得在这个游戏中先手占上风吗？确实如此，因为如果先手第一步棋走中心格，那么后手就几乎没有获胜的希望了。不过，后手也有不输的方法。

如果你是后手，可以记住以下的一些情况和对策：

①先手在中心格放○→你在角格放 ×

②先手在角格放○→你在中心格放 ×，下一步在边格放 ×

③先手在边格放○→你在中心格放 ×

基本上只要记住中心格→角格→边格这样的顺序就没有问题（②中需要注意，如果第二步对方的○在一条对角线上，那么轮到你是后手的时候再走角格就会输掉）。

这之后，作为后手的一方只要防止对手将标记连成一线就不会输。

虽然说不会输，但是只要对方不出错，后手就没有取胜的机会，永远都是平局。不过，要是想与小伙伴进行一场愉快的比拼，也许还是忘记上面的规则比较好。

即便身为后手也不会输的三种情况

先手放○，后手放 ×。根据先手走的位置，后手只要最初的一步不走错就不会输掉。

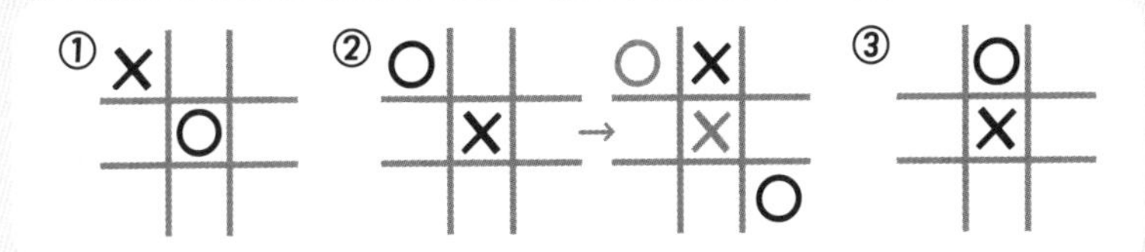

除了闰年，1年后的今天在星期几上只会后错1天

若仔细观察日历，你就会发现这样一个规律：明年今日的星期数[1]会在今年今日的基础上加1。如果今年的生日是星期一，那么明年就会是星期二，后年就会是星期三。

1 年有 365 天，1 星期有 7 天，用 365 除以 7 得 52 余 1，所以 1 年有 52 个星期加 1 天。换句话说，今天是星期几，明年就会出现 52 次这个星期数，额外还会多出某 1 天。因此，明年今日的星期数会在今年今日的基础上加 1。

某个小学生今年的生日是星期四。按理来说，1 年后会变成

①星期数：将 0 ～ 6 的整数分别对应星期日、星期一、星期二、星期三、星期四、星期五、星期六，而 7 就是 0，8 就是 1，9 就是 2……以此类推。

原来不是闰年的话，日历上的星期几每年只会后错 1 天而已啊！

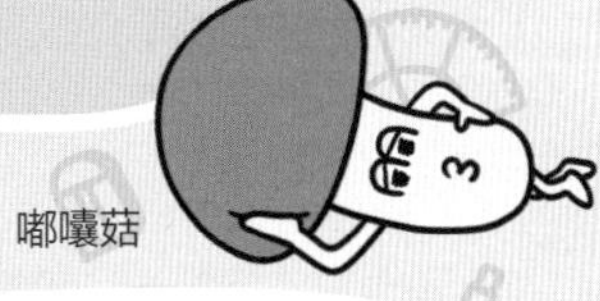

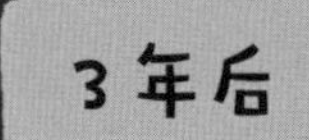

星期五，2 年后会变成星期六，3 年后会变成星期日。于是 3 年后他翘首以盼在星期日迎来他的生日，然而一看日历，却发现他的生日不是星期日而变成了星期一。其实这是因为，他生日是星期六的那年正好是闰年。

闰年有 366 天，比往年多了 1 天，所以下一年的星期数要加 2，因此他的生日跳过了星期日变成了星期一。

2030 年的 1 月 1 日是星期几呢

2023 年的 1 月 1 日是星期日。那么 2030 年的 1 月 1 日是星期几呢？

2023 年 1 月 1 日	星期日	
2024 年 1 月 1 日	星期一	闰年
2025 年 1 月 1 日	星期三	
2026 年 1 月 1 日	星期四	
2027 年 1 月 1 日	星期五	
2028 年 1 月 1 日	星期六	闰年
2029 年 1 月 1 日	星期一	
2030 年 1 月 1 日	星期二	

答：星期二

猜数字魔术

来猜猜看大家的生日吧

❶ 给小伙伴一个计算器，并说：**“我要猜出你的生日。”**

❷ 接着告诉对方：**“把出生的月份乘以 4，然后再加上 8。”**

比如 7（出生月）×4 + 8 = 36。

❸ **“再将这个数乘以 25，最后加上出生那天的日期。”**

比如 36×25 + 5（出生日）= 905。

❹ 之后请对方将计算器还回来，将计算器上的数字减去 200。

比如本例中计算器上的数字最后为 705。

❺ 对他说：**“你的生日就是○月△日，对吧？”**

比如 7 月 5 日。

怎么知道对方的生日

关键在于打造一个出生月在前两位，出生日在后两位的四位数。为此，需要打造出“出生月 ×100 + 出生日”的数字组合并加以计算。在❷中我们让对方将出生月乘以 4，在❸中我们让他继续乘以 25，所以“出生月 ×100”就造好啦。之后在❸中我们又请对方加上出生日，所以“出生月 ×100 + 出生日”就出来了。

但是，仅仅如此是算不上魔术的。为掩人耳目，我们故意在❷中让对方加上 8，然后又在❸中与 25 相乘。这样一来，8×25 = 200 就被加到了“出生月 ×100 + 出生日”里面。于是，最后我们只须从结果中减去 200 就能得到我们想要的答案。

在❷中添加的数字除了 8 以外也可以换成其他的数字，最后再减掉相应的数即可。

日历上的猜数字魔术

❶ 跟小伙伴说：**“不看日历，我也能比你更快算出日历上的加法。”**

❷ 给对方一本日历，说：**“请在日历上框一个横有 3 天，竖也有 3 天，共 9 天的正方形。”**

❸ 以下面这个日历为例。

接着说：**“将这个方框左上角的数（日期）告诉我。”**

6						
日	一	二	三	四	五	六
30	31	1	2	3	4	5
6	7	8	9	10	11	12
13	14	15	16	17	18	19
20	21	22	23	24	25	26
27	28	29	30	1	2	3

比如 3。

❹ 下面将计算器交给对方，告诉他：**“把方框中的 9 个数全部相加。”**

接下来就是一决胜负的时刻啦！

要比对方更快地给出答案。

❺ 你要说：**“全部相加后的和是○△□，对吧？”**

比如 99。

把正中间的数乘以 9 试试看

用 9 乘日历中被框起来的 9 个数里正中间的数，就能得出答案。

为了知道正中间的数字，我们在❸中请对方说出了左上角的数字，只要在该数上加 8 就可以了。因为左上角数字的正下方是 1 周以后的日期，所以比它大 7，而正中间的数字又要再往右数 1 位，所以就是 7 + 1 = 8。

若左上角的数字是 3，那么正中间的数字就是 3 + 8 = 11。这是一组以 11 为中心的 9 个日期，所以 11×9 = 99 就是答案。

你也能成为数字的预言家

这个游戏可以两个人玩，也可以多个人一起玩，都会很有趣。

❶ 首先准备一张纸，事先写上“99”并扣在桌面上。

告诉对方：**“纸上写的数字是对你接下来的计算结果的预言。”**

❷ 紧接着说：**“请从 50 到 100 之间选择 2 个你喜欢的数并将它们相加。”**

比如 58 + 87 = 145。

❸ 下面说：**“请将该数最高位上的数去掉后加 1。”**

比如 45 + 1 = 46。

❹ 之后告诉对方：**“用你喜欢的两数之和减去上一步的数。”**

比如 145 − 46 = 99。

❺ 揭晓答案：**“下面请大家看一下留有预言的纸，答案是 99，对吧？”**

揭秘

为何答案总是“99”呢

将 50 到 100 之间的两数相加后，从它们的和中去掉最高位，就相当于在两数之和的基础上减去 100。

因为我们要求对方选取的这两个数都要比 50 大，所以两数之和自然也会比 100 来得大。

用两数之和减去 100 再加 1，则相当于用两数之和减去 99。

用两数之和减去比两数之和还要小 99 的数，答案当然永远是“99”。

蒙着眼睛也能猜出色子的点数

❶ 给对方 2 个色子并说：**“请掷一下 2 个色子，我不看就能猜出点数！”**

比如掷出来的点数是 3 和 6。

❷ 接下来指示对方：**“将其中一个色子的点数乘以 5。”**

比如 $3 \times 5 = 15$。

❸ “之后加上 3，然后再乘以 2。”

比如 $(15 + 3) \times 2 = 36$。

❹ **“下面请将另一个色子的点数加到这个数字上，告诉我结果是多少。”**

比如 $36 + 6 = 42$。

❺ 揭晓答案：**“结果是□吗？那么色子的点数就是○和△，对吧？”**

比如 $42 - 6 = 36$，所以点数是 3 和 6。

从对方说的结果中减去 6

最后从对方那里听到的结果减去 6 后得到的两位数，就是这两个色子的点数。

原因如下：将其中一个色子的点数乘以 5 之后又乘以 2 就相当于将该点数乘以 10（为的是将其中一个色子的点数变成十位上的数）。过程中还进行了加 3 又乘以 2 的操作，其实就相当于额外加上了 6。

在此基础上又将另一个色子的点数加到了这个数字上，所以只要在最终的结果中减去 6，这样得到的两位数的十位上的数和个位上的数就是两个色子各自的点数。

没有色子的时候，只要请对方从 1 ~ 9 中选择两个喜欢的数字就可以啦。

以九九乘法表为基础的词语

日本成语“四六时中”里的“四六”是什么

日本古代规定 2 小时为 1 刻，1 天有 12 刻。这 12 刻可以用 2×6 来表示，因此有了“二六时中”这一说法。如今一天变成了 24 小时制，因为 4×6 = 24，所以改说“四六时中”了。

“四六时中”表示 24 小时，也就是一整天、一直的意思。

“二八荞麦”的“二八”最初其实不是指面粉的比例

日本有一种被称为“二八荞麦”的荞麦面，指用两成小麦面粉、八成荞麦面粉做出来的荞麦面。

然而，据说在江户时代，因为 1 碗荞麦面为 16 文，2×8 = 16，所以才有了“二八荞麦”这样的双关语，这样的命名可真是潇洒呀。

《大江户芝居的年度活动》
（日本国立国会图书馆）

“三三九度”是什么东西的次数

这是日式婚礼中的一个礼仪名。新郎新娘用大、中、小的三只酒杯交替饮酒，每只酒杯在两人之间交替 3 次，共计 9 次。因为 3×3 = 9，所以有了“三三九度”一说。听说日本自古以来就视奇数为吉祥的数字。

虽然正式的礼仪应该要交换 9 次，但如今交换 3×2 = 6（次）的情况比较多，所以变成了“三二六度”。

4

不可思议的数学

什么是不可思议的数学

虽然只是一些有关数学的小事，但是以前竟然从不知道……我们称这样的数学为不可思议的数学。

这些不成系统的学问意外地有用呢!

虽然不知道也不妨碍生活啦!

我觉得这些小知识很有趣呀!

所以是知道比较好还是不知道比较好啊？我糊涂啦!

人每天可以通过大小便瘦1.3千克

据说人体内的水分大约占体重的 60%。如果一个小学生的体重为 30 千克，那么他体内的水分大概为 18 千克。

可是，水分并不是一直待在人体内的。在大家不知不觉的时候，水分就跑到体外去了。

跑出去的水分最多的是小便。此外，人们的大便中也是含有水分的。

如果人每天大小便，那么每天排出体外的水分约为：小便 1200 毫升，大便 100 毫升。

因为 1 毫升的水的质量为 1 克，所以相当于每天有 1300 克（1.3 千克）的水通过大小便排出体外。

但是，如果水只出不进，人就会渴死。因此，大家要知道，为了让体内的水分保持平衡，每天通过饮食来补充水分是很重要的。

每天排出体外的水分大概是多少呢

呼吸时排出的水分约为 400 毫升；从皮肤中蒸发出去的水分大约是 600 毫升；大小便排出的水分约是 1300 毫升。合计每天至少有 2300 毫升（2.3 千克）的水分被排出到体外。

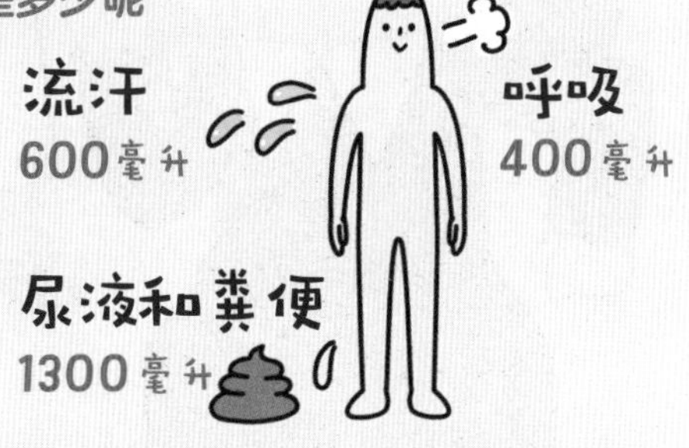

400＋600＋1300＝2300（毫升）

可是每天绝对会东吃吃、西喝喝，所以就算天天大小便也不会瘦的啊！

吐槽兔

多亏了苍蝇我们才能确定自己的位置

如果早上起床的时候发现天花板上停着一只苍蝇，你会想什么？许多人大概只会想怎么把它赶到屋外吧。

然而，在大约 400 年前，法国的数学家兼哲学家勒内·笛卡儿（René Descartes）却是这么想的：“咦？如果能够从特定的位置出发，数一数纵向与横向刻度上的数，或许就能给苍蝇定位？”

这样的灵光一闪成了人们成功给物体精确定位的契机。

比方说地图上有横线和竖线，对吧？利用这样的线条，我们就可以表示自己所在的位置，例如“第 3 条横线与第 2 条竖线的交点”。同样地，在说明目的地的位置时，我们还可以用“从家往东 300 米，往北 200 米的地方”来表示。

像这样，使用两个数我们就能表示世界上的所有位置。这样的大发现果然还得归功于苍蝇吧？

苍蝇的位置在哪里

若以天花板的左下角为 0，横向数 3 个方格、纵向数 2 个方格就是苍蝇的所在之处。因此，笛卡儿认为苍蝇的位置可以用（3，2）来表示。

不不不，这可不是那只苍蝇的功劳，而是笛卡儿的功劳吧！

每年□月□日是星期几，□月□日就是星期几

有一个 3 月 3 日出生的小朋友不用看日历就能对 5 月 5 日出生的小朋友说：“你的生日是星期日。”

这并不是瞎猜的。不管看哪一年的日历，3 月 3 日是星期几，5 月 5 日就是星期几。

为什么会这样呢？其实，只要通过算术就能很好地解释这一不可思议的现象。

比方说我们先来算一算 3 月 3 日和 5 月 5 日两个日期间相差几天。从 3 月 3 日到 3 月 31 日有 29 天，4 月共有 30 天，从 5 月 1 日到 5 月 5 日共有 5 天。29 + 30 + 5 = 64（天），那么 3 月 3 日和 5 月 5 日之间相差的天数就是 64 − 1 = 63（天）。

由于这几个月的天数每年都一样，所以不管数哪一年的日历，总天数都一定是 63 天。又因为 1 周有 7 天，总天数是 7 的倍数，所以星期数也一定相同。

63 是 7 的倍数，所以 3 月 3 日是星期几，5 月 5 日就是星期几。

有许多偶数叠数日的星期数也相同

4 月 4 日、6 月 6 日、8 月 8 日、10 月 10 日、12 月 12 日等的星期数一直都相同，只有 2 月 2 日和它们不同。这是因为 2 月只有 28 天（闰年有 29 天），2 月 2 日到 4 月 4 日的天数是 60 天或 61 天。

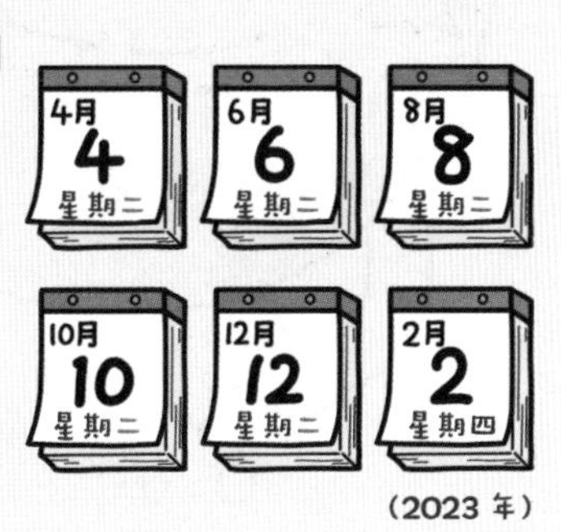

（2023 年）

只有我注意到 7 月 7 日的星期数也和 3 月 3 日、5 月 5 日的星期数相同吗？

一惊一乍伟人

地球被称为“水的星球”，能喝的水却不到1%

地球被称为“水的星球”。观察地球仪我们就能知道，地球表面的 2/3 被水覆盖着。地球上约有 14 亿立方千米的水。

但是，其中大部分（约 97.5%）都是咸得无法入口的海水，不含盐分的淡水只有 2.5% 左右。此外，并非所有的淡水都能饮用。在淡水资源中，南北极的冰川约占 68.7%，地下水等约占 30.1%。

那么人类能饮用的水有多少呢？其实，除去冰川和地下水等，人类方便取用的淡水只有不到 1% 的江河湖泊水等。

然而，就是这不到 1% 的水却要由地球上约 78 亿人共同分享。地球上有一些几乎不下雨的干燥地区，对生活在那里的人而言，水资源极为珍贵。

如果把地球上的水比作一个 2 升的瓶装水

这 2 升的水中大部分都是海水，淡水仅占 7 个瓶盖的量，其中 5 个瓶盖的淡水来自南北极的冰川，剩下的 2 个瓶盖来自地下水等。人类可以饮用的淡水只有从瓶盖中不小心洒落的区区 4 滴而已。

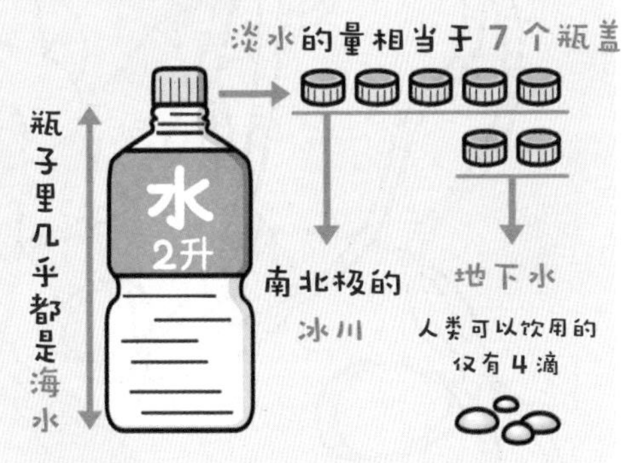

水资源匮乏的国家正在将海水淡化成可以喝的水哟！

万能博士

图形

怎么剪也剪不断的奇怪纸环

19世纪，德国数学家奥古斯特·费迪南德·莫比乌斯（August Ferdinand Möbius）发现了一个不可思议的纸环——莫比乌斯环。

为何说它不可思议呢？这是因为会发生这样奇妙的事情：若在这种纸环的表面画一条线，不知不觉间这条线就会绕到纸环的背面去了。

不仅如此，若我们想把这个纸环的宽度变成原来的一半，拿起剪刀沿中线剪开，结果会让人大吃一惊。一般而言，我们会得到两个纸环，而莫比乌斯环会变成一个大纸环。

如果我们再沿着中线将其剪开，本以为它又会变成一个更大的纸环，哪知这回却变成了两个相互连接的纸环。

完全难以预料！到底要到什么时候才能一分为二呢？大家可以进一步实验看看。

尝试制作莫比乌斯环吧

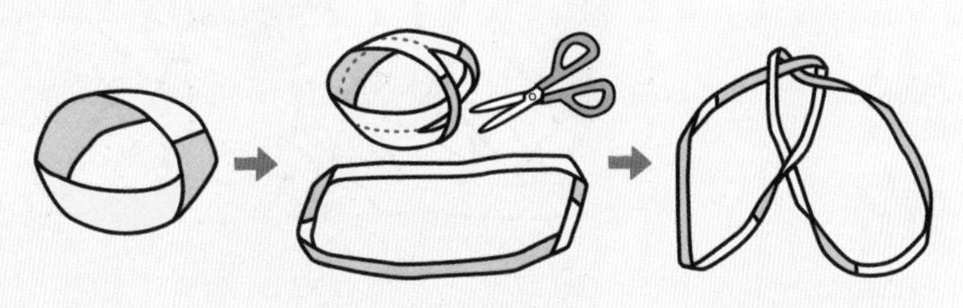

①取一张细长的纸条，将一端扭转180度后与另一端粘在一起。

②沿莫比乌斯环的中线剪下去，会得到一个大的纸环。

③再沿中线剪下去，会得到两个大的纸环。

莫比乌斯环也应用在打印机的色带、工厂的传送带等地方哟！

万能博士

知识

17年才出土一次的蝉

美国东部有一种蝉，蛰伏地底 17 年才羽化而出，据说是为了避免灭绝才进化出 17 年的生命周期。

数字中有像 2、3、5、7、11、13、17、19 等只有 1 和它自身两个因数的“质数”。17 年蝉在进化的过程中选择了质数“17”作为它的生命周期，有一种说法是，这样可以降低它们遭遇天敌的概率。

观察右图就会发现，若捕食蝉的鸟或蜥蜴以 3 年或 4 年为周期大量出现，那么生命周期不是质数的 6 年蝉，在第 6 年和第 12 年的时候就会被大量捕食。

如果是 17 年蝉，17 年里不会碰到大量出现的天敌，因为至少要经过 68 年才会正好是 3 和 4 的倍数。但如果是 16 年蝉，可能 32 年后就会碰到大量出现的天敌。在漫长的岁月中，蝉最终选择了质数作为自己的生命周期。

通过质数周期来避免灭绝

质数周期能够最大限度地避开以 3 年或 4 年为周期大量出现的天敌。

	3年周期	4年周期	6年周期	17年周期
1年				
2年				
3年	大量出现			
4年		大量出现		
5年				
6年	大量出现	→	被捕食	
7年				
8年		大量出现		
9年	大量出现			
10年				
11年				
12年	大量出现	大量出现 →	被捕食	
13年				
14年				
15年	大量出现			
16年		大量出现		
17年				幸存

13 年蝉与 17 年蝉要隔 221 年才能相遇一次！这样也能够避免相似物种的交配。

一惊一乍伟人

数与计算

从1元开始每天翻倍存钱，1个月后要存10亿元

如果说有一个谁都可以从 1 元开始并且在 1 个月内成为亿万富翁的存钱法，大家会想挑战一下吧？这个方法就是“翻倍存钱法”。

第 1 天存 1 元，第 2 天存 1 元的 2 倍即 2 元，第 3 天存 2 元的 2 倍即 4 元……以此类推，每天存的钱是前一天的 2 倍，仅此而已。

明明简单得似乎谁都能做得到，但是为什么亿万富翁迟迟不出现呢？原因就在下表当中。

其实，差不多从第 8 天开始，每天存的金额对小学生来说就比较困难了。到第 11 天的时候就得存 1024 元，这对大人来说也不是一个小数目。

到第 21 天的时候要存 100 万元以上，第 28 天的时候要存 1 亿元以上……不仅如此，在第 31 天的时候要存 10 亿元以上的巨款，这根本没有办法实现。

翻倍存钱的话会怎么样

从第 1 天的 1 元开始，到第 31 天就得存 10 亿元以上的钱。

第 1 天	1 元	第 17 天	65,536 元
第 2 天	2 元	第 18 天	131,072 元
第 3 天	4 元	第 19 天	262,144 元
第 4 天	8 元	第 20 天	524,288 元
第 5 天	16 元	第 21 天	1,048,576 元
第 6 天	32 元	第 22 天	2,097,152 元
第 7 天	64 元	第 23 天	4,194,304 元
第 8 天	128 元	第 24 天	8,388,608 元
第 9 天	256 元	第 25 天	16,777,216 元
第 10 天	512 元	第 26 天	33,554,432 元
第 11 天	1024 元	第 27 天	67,108,864 元
第 12 天	2048 元	第 28 天	134,217,728 元
第 13 天	4096 元	第 29 天	268,435,456 元
第 14 天	8192 元	第 30 天	536,870,912 元
第 15 天	16,384 元	第 31 天	1,073,741,824 元
第 16 天	32,768 元		

人类的细胞也是翻倍增长的，总共可以增加到 37 兆（万亿）个哟！

万能博士

冒着生命危险才确定了“米”这一单位

在 18 世纪末，正当法国大革命如火如荼地展开之时，统一长度单位的大工程也得到了推进。因为那个时候光人们使用的尺子就有数百种不一样的规格，十分不便。

现在使用的米（m）这一长度单位，是把从地球赤道到北极点的距离的千万分之一作为标准。但实际要去测量这一距离可谓极其困难。

于是，取而代之，人们决定测量从法国敦刻尔克至西班牙巴塞罗那的距离，这一距离相当于从赤道到北极点的距离的 1/10。

可是，进入西班牙的测量队被怀疑是法国军队的间谍，数次身处险境，还曾被关进牢房。一去数年，在艰苦跋涉后，测量队终于将结果带回了法国。

“米”是怎么确定下来的

人们在实际测量了敦刻尔克至巴塞罗那的距离 A 后发现是 1000 千米，而从北极点到赤道的距离 B 是 A 的 10 倍，所以推测 B 为 1 万千米。距离 B 的千万分之一即为“1 米”。

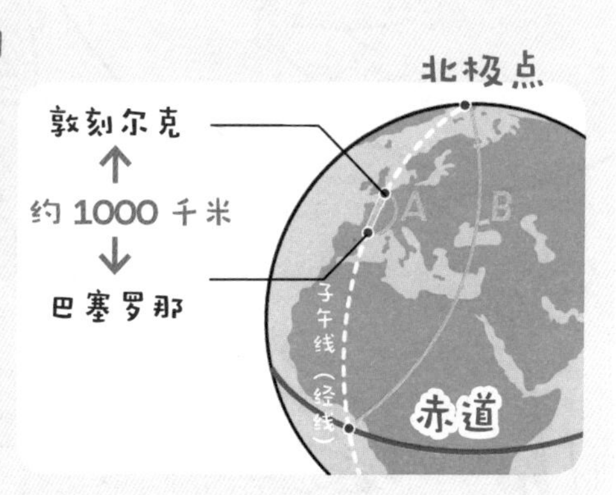

现在重新定义了哟！

1 米为真空中的光在 1/299,792,458 秒内通过的距离。

嘟囔菇

如果去月球郊游，回到家时就变成老爷爷了

想去月球旅行，哪怕一次也好，大家有没有这么想过？

实际上，不乘坐太空火箭是很难上月球的，但我们可以通过算术来想象一下月球之旅。

我们假设有一个 10 岁的小朋友徒步去月球旅行。去一趟月球再回到家时，小朋友该多少岁了呢？来粗略计算一下吧。

地球到月球的距离约为 40 万千米，设小朋友的步行速度为 3 千米 / 时，睡眠时间为 10 小时，剩下的 14 小时都在走路，那么 1 天可以前进的距离为 42 千米。

因此，到月球去要花 40 万千米 ÷42 千米 / 天 ≈ 9524 天。换算成年的话，9524 天 ÷365 天 ≈ 26.09 年，所以差不多要 26 年。

也就是说，往返月球一趟大约要花费 52 年。10 岁的小朋友回家时已经变成 62 岁的老爷爷了，头发和胡子都长得吓人了吧。

经过 52 年头发能长多长

人的头发平均每天能长 0.3 毫米，试求经过 52 年头发会有多长吧。

0.3 毫米 / 天 × 365 天 × 52 年 = 5694 毫米

= 569.4 厘米 ≈ 5.69 米

乘坐磁悬浮列车（速度为 600 千米 / 时）往返月球的话，大约要花 28 天哟！

万能博士

有一些叫作忽、微、纤、尘等的奇怪单位

什么是忽、微、纤、尘？这些汉字是数学界的计数单位，但我们平常很少见到这些单位。

大家听过“2割9分3厘[1]”这样的说法吗？这是日本喜欢棒球的人用来表示“打击率”（棒球运动中评量打击手成绩的重要指标）的一种说法。如果用小数表示就是“0.293”。

古代人给比1小的计数单位也起了名字。就像比1大的数每进4位，单位就会变成万、亿等；而比1小的数，其小数点后的各个位也有它们各自的单位名称。

0.1是“分”，0.01是“厘”，0.001是“毫”，0.0001是“丝”……更小的小数也拥有自己的单位名称，如右图所示。

此外，这些名称似乎取自佛经（记载了教义等的佛教典籍）。

曾经的小数的计数单位

到小数点后21位为止都被命名了。

单位	小数点后面的位数
分	1
厘	2
毫	3
丝	4
忽	5
微	6
纤	7
沙	8
尘	9
埃	10
渺	11
漠	12
模糊	13
逡巡	14
须臾	15
瞬息	16
弹指	17
刹那	18
六德	19
虚空	20
清净	21

①在日本，现在0.1为“割”，0.01为“分”，0.001为“厘”。

大数里有一个叫作无量大数的计数单位，而小数中却没有这种说法呢！

嘟囔菇

知识

一、二、三，之后应该是“亖”才对

明明就是一、二、三，为什么突然来一个“四”？大家有过这样的疑问吗？

其实过去数字 4 的汉字确实写作“亖”，但这样写就不容易与“三”区分开，所以人们就开始借用读音相同的“四”这个汉字，后来这个写法就完全取代了原本的“亖”。如今，“亖”变成了一个在字典里无人问津的字。

明明现在完全没有在使用，字典里却有解释说明呢！这反而令人震惊啊！

一惊一乍伟人

知识

降水概率是0%，却下雨了

大家是否以为“降水概率0%”就是晴天，“降水概率100%”就会下倾盆大雨呢？其实降水概率指的是下雨的“可能性”，与雨量多少无关。若降水概率为20%，则表示过去在同样的气象条件下，100次中有20次会下雨且雨量超过1毫米。

概率天气预报最早是1966年美国开始使用的，日本则到了1980年才开始使用，而中国是从1995年起在北京等地开始使用的。在日本，降水概率经过四舍五入后以10%为间隔进行表示，所以即便降水概率为4%，天气预报也会公布为0%。因此，降水概率为0%的时候也可能下倾盆大雨哟。

概率这种东西，历史数据越多，正确率越高，对吧？所以说未来可期呀！

嘟囔菇

信号灯的透镜超乎寻常地大

交通信号灯（红绿灯）具有防止事故、使车流更加顺畅的作用。它已经融入了人们的生活，我们几乎每天都会见到它，但其实很少有人知道它的真实大小吧。

大家觉得在城市中经常看到的机动车信号灯的透镜[1]有多大呢？大概像苹果那么大？还是像哈密瓜那么大？都不是！其实还要更大一些，在日本，它的直径竟然有30厘米！在车流量较大的路口和高速公路上，透镜还会更大，直径能有45厘米。

直径30厘米至45厘米的透镜比一个特大西瓜或一张大份比萨还要大。坐在行驶的汽车里看信号灯似乎很小，但其实它比想象中要大得多。

此外，如果你以为绿灯是“前进”的信号，那你就错啦，其实绿灯意味着“可以通行”。

即使是绿灯，也会出现无法前进的情况，例如在发生交通堵塞时，如果你继续前进就很危险。

①交通信号灯上装的玻璃透镜具有折射灯光等作用。——译者注

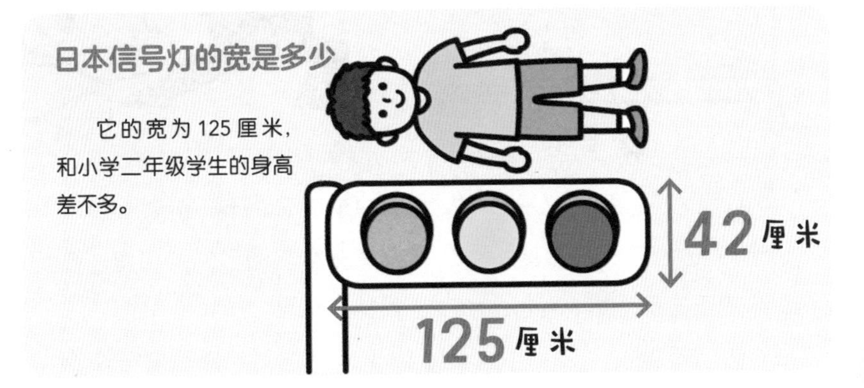

虽然在日本叫“蓝灯”，但怎么看都是绿的嘛！

有一种神奇的方块拼图，重新组合后面积会变大

让我们将上面的 4 块拼图改拼成长方形。它可以从 8 厘米 ×8 厘米的正方形变成 13 厘米 ×5 厘米的长方形哟。

那么，大家是否注意到一件不可思议的事情：最初的正方形的面积是 64 平方厘米，而重新组合成的长方形的面积为 65 平方厘米。面积居然增加了 1 平方厘米！不论计算多少次面积，测量多少次图形的长和宽，结果都不变。

其实这背后隐藏着一个秘密。重组成长方形的 4 块拼图看起来似乎紧密贴合在一起，但长方形的对角线并不是直线，中间有些许缝隙。

这就是面积增加 1 平方厘米

什么是“斐波那契数列”

指这样一个数列：1、1、2、3、5、8、13……前两项之和等于后一项。它还具有这样一个特征：任意 3 个相邻的数，两端的数相乘后的积与中间数的平方相差 1。下面的拼图正是利用了这一点。

假设 3 个相邻的数为 5、8、13。

两端的数相乘 $5\times13=65$

中间的数乘以它本身 $8\times8=64$

的真正原因。原来不过是一种障眼法……是否让你失望了呢？

可是，能够制造出这种错觉的只有遵循“斐波那契数列”的规律的图形而已，因此十分宝贵。在这个方块拼图中出现的数字 5、8、13 是“斐波那契数”。

此外，斐波那契数和黄金比例也有关联，真的很神奇。

嘟囔菇

地球最终可能会与仙女星系相撞

宇宙中有许多的星星，而众多星星的集合被我们称为“星系”。地球在银河系之中，邻居是仙女星系。

据研究发现，仙女星系和银河系最终将撞到一起。

但我们也无须杞人忧天。虽说是邻居，但其实仙女星系和银河系的距离约有 250 万光年，也就是说，这是一位即便通过光速也要花上差不多 250 万年才能够拜访的远邻。

距离是如此遥远，要是谈到现在仙女星系正以多快的速度接近我们的银河系，大约是 40 万千米 / 时。放眼地球，这个速度确实快到难以想象，但放眼宇宙的话，就没什么了不起的了。

经过专家的种种计算，两个星系预计会在 45 亿年后相撞。由于星系内的星球之间是有一定距离的，所以就算星系相撞了，也不会发生星球直接相撞的事情。

不过，45 亿年后的地球或许已被太阳吞噬，人类消失了也说不定呢。

40 万千米 / 时有多快

40 万千米 / 时相当于 1 秒可前进约 100 千米，也就是约 100 千米 / 秒。地球 1 圈约有 4 万千米，所以大概只要 7 分钟就能绕地球 1 圈，快到如此地步哟！

谁会担心啊！
规模太大了，无法可想嘛！

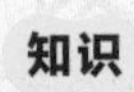

知识

日本电车的"满载率"其实很随意

在印度最大的都市孟买，列车行驶过程中车门是开着的，乘客们可以挂在车门上。

万能博士

日本上下班高峰期时，电车内因上班族和学生而变得拥挤不堪，满满当当的都是人，大家动弹不得，就像在玩互相推挤的游戏一样。

本来车内的“满载率”只要通过“实际载客量 ÷ 额定载客量”这样简单的公式就能够计算出来，但在那种拥挤的情况下，想要算出实际载客量并不容易。因此，据说满载率几乎是靠目测估算的。

根据日本国土交通省的资料，满载率的估算有着如下图所示的规定。

可在如今这个时代，在电车里看手机的人占绝大多数。靠阅读报纸和杂志的容易度来估算满载率的方法缺乏准确性，让人觉得似乎有点过时了。

日本满载率的估算

100% 额定载客量。乘客可以坐在椅子上，也可以拉着吊环站着，也能抓着车门附近的扶手。

150% 乘客还只是肩膀互相碰触的程度，可以轻松展开报纸阅读。

180% 虽然乘客会有肢体上的碰触，但能把报纸折起来阅读。

200% 乘客会与其他乘客产生肢体接触，能感受到强大的压迫感，但可以勉强阅读周刊杂志。

250% 每当电车晃动的时候，乘客的身体也会跟着倾斜，无法动弹，连手都动不了。

彩票中四等奖 比考上东大还要难得多

假设彩票中了一等奖就能变成亿万富翁，但是只买 1 张彩票的话，中一等奖的概率竟只有两千万分之一……换言之，即便是买了 2000 万张，其中也只有 1 张能中一等奖。

就算变不成亿万富翁，但区区四等奖应该不难中吧？其实不然，中四等奖的概率也仅有万分之一。虽然这已经比中一等奖要容易得多，但依旧是买 1 万张才会有 1 张中奖的超低概率。

像计算彩票中奖的概率那样，我们也来算算看考上大学的概率吧。比如，考上被视为日本最难考的大学——东京大学的人数约为 3000 人，而参加考试的学生总人数约为 55 万人，则东京大学的录取概率约为 1/183。

下面来比比彩票的中奖率和东京大学的录取率吧。彩票四等奖的中奖概率为万分之一，而考上东京大学的概率约等于 1/183，所以考上东大比中四等奖容易 50 倍以上。不过，这些终究只是概率罢了。

存在偏差值 30 的东大学生

偏差值指的是在接受某个考试的群体中自己所处的位置。偏差值的平均值为 50，成绩排在前 2% 的话，偏差值为 70。如果有一个仅允许东大学生参加的考试，那么成绩排名最后的学生，其偏差值有时甚至可能低于 30。

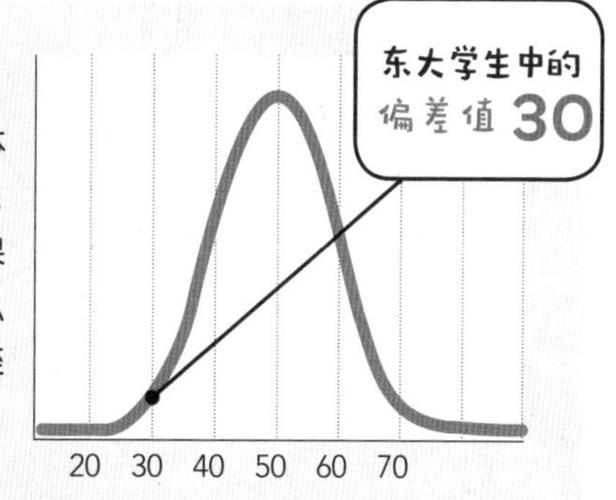

可是呀，不好好学习是考不进东大的啊，对吧？

嘟囔菇

花了 2000 年才知道这题解不开

只用直尺和圆规（古希腊人要求作图时使用无刻度的直尺和圆规）能否作一个立方体，使其体积等于已知立方体的两倍？

如果你能解开这个题，那可真是一大发现——但这并不可能，倘若你成功了，那应该是哪里搞错了。之所以这么说，是因为这个问题已经被证明为“不可解”了。

这个乍一看很简单的问题出现于古希腊时代，据说还是古希腊神话中的男神阿波罗（Apollo）提出的。以著名的哲学家柏拉图（Plato）为首，许多人都曾经尝试挑战这个问题，但谁也没能解开它。

随着时间的流逝，到了1837年，法国数学家万芝尔（Wantzel）终于给这个难题画上了一个句号。但是，他并不是推导出了答案，而是证明了“不可解”。

人们耗费了2000年试图解开的难题，答案居然是“不可解”，属实令人感到遗憾。但要证明“不可解”也很难呢。

希腊的三大作图问题

与上面的倍立方体问题一样，下面也是长年未解决的难题。现在已经证明了它们都是不可解的问题。

仅用直尺和圆规，能否作一个和已知圆面积相等的正方形？

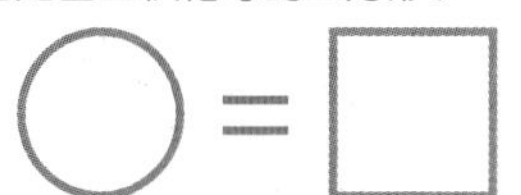

仅用直尺和圆规，能否把一个角三等分？

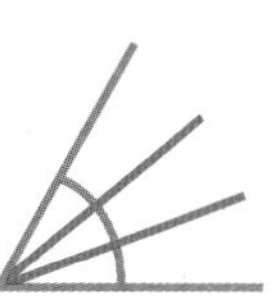

人类就是一种不愿意承认“不可能”的生物呢！

知识

巨大的行星“土星”能很轻松地浮在水中

土星是太阳系的第二大行星，从大小来看，它的体积约是地球的755倍；从质量上看，它约是地球的95倍。

为了方便大家想象土星的大小，我们来算一算土星本体（不包括土星环）的直径大约是地球的多少倍吧。

由于土星的直径大约为12万千米，而地球的直径约为1.3万千米，所以12 ÷1.3 = 9.2307……。换言之，土星的直径有9个地球并排那么长。

那么，假设有一个巨大无比的水槽可以容得下庞大的土星，问：土星会浮起来还是沉下去？实际上，虽然土星是一个相当庞大的行星，但它能轻松地浮在水面上。

为什么质量是地球的95倍的土星却会浮于水面？其实，这是因为土星几乎是由氢和氦等很轻的元素组成的。它的密度是水的70%。

在太阳系中，密度比水小的行星只有土星而已。

土星环两端的距离是多少

从土星的中心到土星环边缘的距离约为137,600千米，而地球的半径约为6400千米[①]。那么土星环两端的距离相当于几个地球并排呢？我们来算算看吧。

土星环两端之间的距离	137,600 千米 × 2 = 275,200 千米
地球的直径	6400 千米 × 2 = 12,800 千米
相当于几个地球	275,200 千米 ÷ 12,800 千米 = 21.5

①地球半径为6357~6378千米，此处为方便计算，四舍五入为6400千米。

答：相当于 21.5 个地球

土星要花30年才能绕着太阳转一圈哟！

万能博士

知识

从冲绳去北海道的话，体重会稍微变重一点

大家有没有甩过湿抹布？这时抹布里的水分被一股力量（离心力）向外拉扯，导致水花四溅。

同样地，地球在自转，所以也会有离心力。地球上所有的物体都受到重力的作用。重力可以用这样一个公式表示：重力 = 引力 − 离心力。

地球上任何地方的引力都相同，但离心力不是，赤道附近的离心力更大。这是因为离心力与地球的旋转速度有关，速度越快，离心力越大。

从北极开始，越接近赤道，旋转的速度越快，离心力也就越大。与离赤道近的冲绳相比，离北极近的北海道所受的离心力要小一些。

套进左边的式子我们会发现，离心力变小的话，重力就会变大。因此，仅仅是从冲绳去北海道一趟，即便什么都不吃也会变重一些。

在北海道和冲绳的体重之差是多少

在北海道会比在冲绳增加约 0.15% 的体重哟。那么，体重为 30 千克的小学生从冲绳到北海道去的话，体重会增加多少呢？

30 千克 × 0.15% = 0.045 千克 = 45 克

答：会变重 45 克

甚至还有对每个地区的重力差异进行校正的体重秤哟！

万能博士

专题4

不可思议的计算

1 = 0.9999……是正确的还是错误的

听说好像是正确的呢！

嘟囔菇

我们可以说 1 和 0.9999……一样（相等）吗？

虽然想说不能，但 1 = 0.9999……似乎已经被证明是成立的了。为什么说它成立呢？下面将通过两种方法进行说明。

通过分数来思考

用小数来表示分数时，我们会用分子 ÷ 分母，对吧？

比如，1/2 就是 1÷2 = 0.5。那么若是 1/3 呢？ 1÷3 就是 0.3333……，3 会一直循环下去，也就是说，**1/3 = 0.3333……**。

那么如果把 1/3 和 0.3333……都变成原来的 3 倍会发生什么呢？**1/3×3 = 1、0.3333……×3 = 0.9999……**，所以证明了“1 = 0.9999……”是正确的。

假设“1 = 0.9999……”是正确的并继续思考

若把“1 = 0.9999……”的两边都乘以 10，就会变成“10 = 9.9999……”。

假设“1 = 0.9999……”是正确的，接下来我们让 10 和 9.9999……分别减去 1 和 0.9，可得 **10 − 1 = 9、9.9999…… − 0.9999…… = 9**。也就是说，两个算式的答案都是 9，所以我们可以说 1 和 0.9999……是相等的。

如何把 17 头骆驼分给 3 个人

下面介绍一个在中东地区广为流传的有关骆驼的奇妙故事。

“我死了以后，那些骆驼我的大儿子分 1/2、二儿子分 1/3、三儿子分 1/9。”一位父亲对 3 个儿子留下这样的遗言后就撒手人寰了。父亲拥有 17 头骆驼，儿子们绞尽脑汁也无法把这些骆驼分成 1/2、1/3、1/9。

正当兄弟们争执不下的时候，一位旅人出现了，他说：“那我把我的骆驼借给你们吧，这样你们就可以分配了。”

加上旅人的骆驼后，骆驼总数变成了 18 头，大儿子分 1/2，所以是 9 头；二儿子分 1/3，所以是 6 头；三儿子分 1/9，所以是 2 头。之后旅人便骑着自己的骆驼上路了。

之前觉得无法分配的 17 头骆驼为何又变得可以分配了呢？

当我们要把 1/2、1/3、1/9 相加的时候，会把分母凑成 18，对吧？将 9/18、6/18、2/18 相加得 17/18。18 既可以被 2，也可以被 3，还可以被 9 整除，并且分配完后还剩下 1/18，也就是 1 头骆驼。

解说

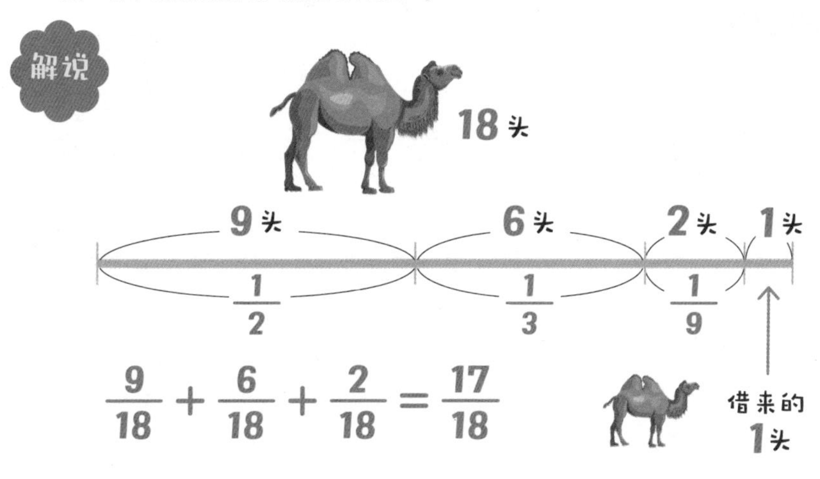

上山的速度是 4 千米 / 时，下山的速度是 6 千米 / 时，上下山的平均速度不应该是 5 千米 / 时吗

出一个看似简单但容易出错的题，注意不要掉进陷阱里哟！

问题 **爬一座山，单程是 24 千米，需要往返一趟。上山的速度是 4 千米 / 时，下山的速度是 6 千米 / 时，问：平均速度是多少？**

（4 千米 / 时 + 6 千米 / 时）÷ 2 = 5 千米 / 时

（上山的速度 + 下山的速度）÷ 2 = 平均速度

如果你是这么想的，那就错啦。不要着急，将上山和下山分开思考就能明白哟。

答案

上山

24 千米 ÷ 4 千米 / 时 = 6 小时

下山

24 千米 ÷ 6 千米 / 时 = 4 小时

为了算出平均速度，需要用往返的距离除以上下山的总时间。

48 千米	÷	10 小时	=	4.8 千米 / 时
往返距离		总时间		平均速度

答：平均速度是 4.8 千米 / 时

销售方式变了，销售额却对不上

第 1 天和第 2 天各卖了 60 粒巧克力。

第 1 天有两种卖法：① **2 粒 1 盒**，每盒 10 元，**卖了 15 盒**（2 粒 / 盒 ×15 盒 = 30 粒）；② **3 粒 1 盒**，每盒 10 元，**卖了 10 盒**（3 粒 / 盒 ×10 盒 = 30 粒）。

< 第 1 天的销售额 >

10 元 / 盒 ×15 盒 = 150 元

10 元 / 盒 ×10 盒 = 100 元

合计 **250 元**

第 2 天只有一种卖法：**5 粒 1 盒**，每盒 20 元，**卖了 12 盒**（5 粒 / 盒 × 12 盒 = 60 粒）。

< 第 2 天的销售额 >

20 元 / 盒 ×12 盒 = **240 元**

咦？销售额少了 10 元。本以为第 1 天和第 2 天都相当于是以 5 粒 20 元来卖的呀，怎会如此呢？

< 第 1 天 >

2 粒 / 盒 × 15 盒 = 30 粒
10 元 / 盒 × 15 盒 = 150 元
2 粒 10 元

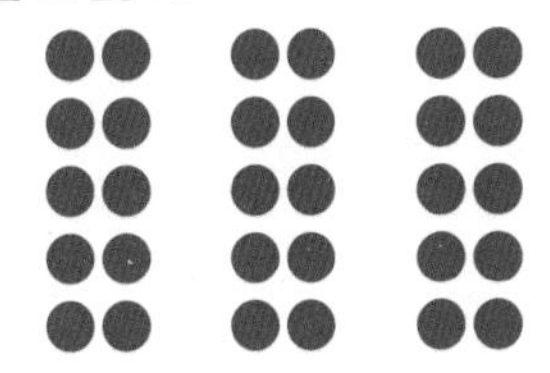

3 粒 / 盒 × 10 盒 = 30 粒
10 元 / 盒 × 10 盒 = 100 元
3 粒 10 元

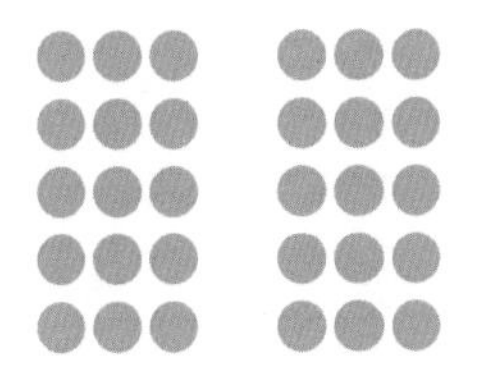

< 第 2 天 > 用第 1 天的组合来替换

5 粒 / 盒 × 12 盒 = 60 粒
5 粒 20 元 **（2 粒 10 元 + 3 粒 10 元）**
20 元 / 盒 × 10 盒 = 200 元

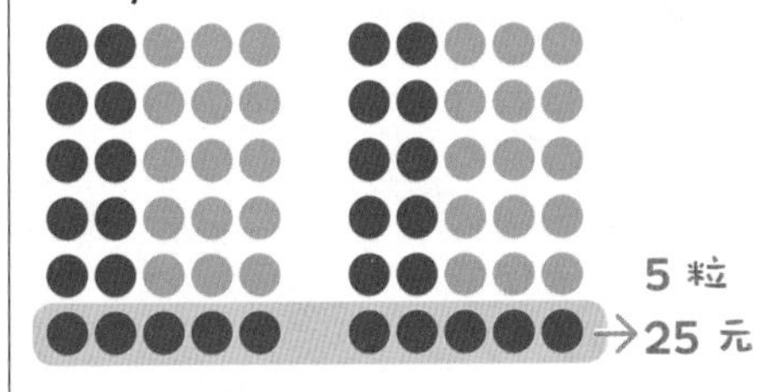

（2 粒 10 元 + 2 粒 10 元 + 1 粒 5 元）
25 元 / 盒 × 2 盒 = 50 元

思考一下将第 1 天巧克力的两种销售方式转换成第 2 天的 5 粒 1 盒后的情况，会发现 5 粒 20 元的有 10 盒，此外还有 5 粒 25 元的 2 盒。因此，第 1 天和第 2 天的销售额才会相差 10 元。

图书在版编目（CIP）数据

奇奇怪怪的数学 /（日）篠原明子主编；王巧译. — 北京：北京时代华文书局，2022.12
ISBN 978-7-5699-4734-2

Ⅰ. ①奇… Ⅱ. ①篠… ②王… Ⅲ. ①数学－少儿读物 Ⅳ. ①01-49

中国版本图书馆CIP数据核字(2022)第216085号

北京市版权局著作权合同登记号 图字：01-2021-5109

日本語版制作スタッフクレジット：
イラスト：オオノマサフミ、池田圭吾、大野直人、森永みぐ、すどうまさゆき
本文デザイン：村口敬太・村口千尋（Linon）
執筆協力：中谷晃、永井ミカ、清水香
編集協力：篠原明子、高島直子

拼音书名 | QIQIGUAIGUAI DE SHUXUE

出 版 人 | 陈　涛
策划编辑 | 邢　楠
责任编辑 | 邢　楠
执行编辑 | 洪丹琦
责任校对 | 薛　治
装帧设计 | 今亮后声　孙丽莉
责任印制 | 刘　银　訾　敬

出版发行 | 北京时代华文书局 http://www.bjsdsj.com.cn
北京市东城区安定门外大街 138 号皇城国际大厦A座8层
邮编：100011 电话：010-64263661 64261528
印　　刷 | 河北京平诚乾印刷有限公司　电话：010-60247905
（如发现印装质量问题，请与印刷厂联系调换）
开　　本 | 880 mm×1230 mm　1/32　印　张 | 6　字　数 | 160 千字
版　　次 | 2023 年 7 月第 1 版　印　次 | 2023 年 7 月第 1 次印刷
成品尺寸 | 145 mm×210 mm
定　　价 | 49.80元